高等院校实验课教材

通信电路与系统实验教程

李晋炬　编著

北京理工大学出版社
BEIJING INSTITUTE OF TECHNOLOGY PRESS

内 容 简 介

本书是与《通信电路与系统》理论课程配套的实验课教程。全书共编排 15 个实验,包括正弦波振荡、调幅与检波、集成混频、相位鉴频、锁相环路、变容二极管调频等。书中还简单介绍了实验必备知识、测量误差和实验数据处理的基本概念,以及实验常用电子仪器的工作原理、性能特点和使用方法,并附有常用电子元器件的型号和性能参数。

本书对相应课程原有配套实验教材中各项基础实验内容做了必要补充与适当更新;对新编入的系统综合应用实验,给出了较完整的设计思路和具体建议。

本书可作为高等院校电子信息类专业本科生的实验课教材,也可供从事电子线路设计和研制的工程技术人员参考。

图书在版编目(CIP)数据

通信电路与系统实验教程/李晋矩编著 . —北京:北京理工大学出版社,2006.9(2020.1 重印)
高等院校实验课教材
ISBN 978 - 7 - 5640 - 0860 - 4

Ⅰ. 通... Ⅱ. 李... Ⅲ. 通信系统 – 电子电路 – 高等学校 – 教材
Ⅳ. TN91

中国版本图书馆 CIP 数据核字(2006)第 094598 号

出版发行 / 北京理工大学出版社
社　　址 / 北京市海淀区中关村南大街 5 号
邮　　编 / 100081
电　　话 / (010)68914775(办公室)　68944990(批销中心)　68911084(读者服务部)
网　　址 / http://www.bitpress.com.cn
电子邮箱 / chiefeditor@ bitpress.com.cn
经　　销 / 全国各地新华书店
印　　刷 / 北京虎彩文化传播有限公司
开　　本 / 787 毫米 × 1092 毫米　　1/16
印　　张 / 9.75
字　　数 / 215 千字
版　　次 / 2006 年 9 月 1 版　2020 年 1 月第 8 次印刷
定　　价 / 26.00 元

责任校对 / 郑兴玉
责任印制 / 刘京凤

图书出现印装质量问题,本社负责调换

前　言

　　培养学生实践能力是高等工科学校的重要教育内容之一。实验教学与理论教学同等重要。对于《通信电路与系统》这门技术基础课来说,工程实践性很强,许多课程内容更是需要通过实验才能扎实地理解和掌握。实验教学可帮助学生学习运用理论处理问题,验证、消化和巩固基本理论,提高学生的实际动手能力和综合应用能力。实验中不仅要求学生必须学好基础理论、学会使用各种测量仪器,还要求同学们学会在实际中分析和解决问题,摆脱理论与实际相脱离的现象。

　　本书为《通信电路与系统》实验课教材,适用于本科生和专科生的教学实验。全书内容安排是,第一章介绍实验要求、必备知识、实验数据处理方法及实验报告的撰写。第二章中主要介绍基本单元电路实验。第三章是综合实验。第四章介绍实验中常用仪器和仪表的工作原理、性能特点和测量方法。书末附有常用电子元器件的型号和性能参数等。

　　基本单元电路实验的目的是巩固电路理论,了解实验步骤,熟悉仪器和仪表的使用,培养正确记录和分析实验数据、提高撰写实验报告的能力等。这部分实验为必修内容,主要有五个实验:振荡、调幅检波、混频、鉴频及锁相环电路。每个实验课为 3 学时左右,也可根据实际条件酌情增减。

　　综合应用类型实验的目的是加深同学们对实际通信系统的了解,侧重于培养数模混合系统设计及工程估算能力。这部分实验多数使用通用实验板装调,需要时间较长,因此,目前供有条件的学生选修,或者作为课程设计内容。同时适当编排了制作难度较大的实验内容,希望有条件的学生尽早发挥自身潜力,找时间自学硬件和软件知识,以顺利完成所选实验设计课题。

　　实验中的许多重要内容,都经过本课程组的罗伟雄教授、韩力副教授等参与讨论确定。

　　承蒙北京工业大学孙景琪教授及北京理工大学罗伟雄教授审阅本书全稿,提出了很多宝贵意见和建议,在此表示诚挚的感谢! 同时感谢北京理工大学出版社对出版此书给予的鼎力支持。

　　由于编写作者水平所限,书中难免存有不妥之处,恳请选用本书的师生和读者批评指正。

编　者

于北京理工大学电子工程系

目　录

第一章　实验基础知识

第一节　实验前的要求和准备

实验是人们认识自然及进行科学研究的重要手段。自然科学研究与工程技术开发离不开大量的实验,理论创新也需要用实验来检验它是否成立。科学实验与实践丰富了科学理论,科学理论的研究又是科学技术发展的重要基础。例如科学家奥斯特和安培在 1819—1820 年,先后在实验中发现电流对磁针的作用力和载流线圈之间的作用力,1831 年法拉第发现了电磁感应定律,1873 年麦克斯韦用数学方法创立了电磁理论,直至 1889 年赫兹通过实验最终验证了无线电波的存在,从而证实了麦克斯韦的理论。

科学技术的飞速发展,使得电子技术不仅在计算机、通信、信号测量与变换领域占主导地位,在电力系统、工业控制系统亦得到广泛应用。科学技术的发展是由无数的科学家、工程技术人员在实验中研究开发成功的。可以说,在电工技术、电子技术的发展中,每一类新概念、新理论的建立,每一项新产品的开发成功,每一种新技术的应用与推广,都离不开实验和实践。

对于教学来说,实验是一个重要环节,通过实验掌握基本理论,同时培养学生的实验方法和技能,有利于提高学生实际工作能力。

理论是实验工作的指导,为实验提供了科学的依据,实验现象和结果需要从理论上加以分析提高。实验是手脑并用、理论与实际密切配合、富于创造性的劳动过程。通信电路与系统实验内容涉及电路基本理论、通信系统基础知识及电子测量仪器诸多方面,要做好每一个实验,并非易事,除掌握电路基本理论、基础知识外,还要对使用的仪器必须有一定的了解并掌握操作技能。

国家为培养出优秀人才,在建设实验室方面投入了大量的人力、物力,为学生掌握科学知识创造了优良的实验环境和条件,大家应积极参与、充分利用这一条件,在教师的指导下,认真学习、探讨、掌握科学理论及实验方法,为专业课程学习和研究打下扎实基础。

做实验的几点要求:

一、实验前的预习

(1) 必须熟悉学生实验守则和安全操作规程。

(2) 认真阅读实验指导书,明确每个实验的目的、内容,从理论和概念上弄清实验原理,对可能出现的现象及结果要有一个事先的理论分析和估计,尽可能做到心中有数。

(3) 预先阅读每个实验所需用的仪器设备的使用方法,熟悉各旋钮、按键、开关的作用,了解仪器操作注意事项,以便做实验时能顺利操作和测试。

(4) 写好预习报告,将实验中要求测量的数据表格预先画好,以便有条理地进行测试,对于要求进行理论分析、理论计算和思考题的内容也要完成。

二、实验时的准备

（1）按每个实验要求依次打开所需仪器，进一步熟悉仪器使用方法。

（2）根据实验电路要求，调整稳压电源电压，调整后关闭电源，接出相应电源引线，并接入实验电路板。

（3）打开稳压电源，细心观察电路板和稳压电源有无异常情况，若出现冒烟、有焦煳味、稳压电源无电压指示等，要立即关掉电源，请示指导老师后再做故障处理，故障排除后方能继续实验操作。

三、实验数据的记录与处理

检查实验电路板，按实验步骤要求，接入相对应的信号，用测量仪表测量各点的各种数据，合理地读出有效数字，完成预习报告中要求的内容，将实验数据记录在相应的表格里，并注明名称和单位。如果需要重新测量，则要在原来的表格边重新记录所得到的数据，不要轻易涂改原始数据，以便比较分析。

实验完成后，检查所测量数据并进行理论分析，做出相应图表，一旦发现所测数据与理论分析相差甚远，要在原有的实验电路下查明原因，做出相应的分析和处理。

四、注意人身和设备安全

电子电路实验一般离不开仪器仪表，做实验前必须对用电安全予以特别重视，防止发生人身和设备的安全事故。实验前应阅读所使用的仪器仪表的使用说明，实验时按照仪器仪表使用方法去使用，不了解其性能及使用方法不得擅自使用。使用中发现异常现象（有响声、发热、有焦臭味）应立即切断电源，查明原因，排除故障后再做实验。

遵守实验室的各项规章制度和各项操作规程，认真听取指导教师讲解的实验注意事项。实验全部结束后，应该将所用的实验设备复原归位，清理实验台后离开。

第二节　实验测量基础

电子电路实验离不开电子测量，测量是指以获取被测对象量值为目的的全部操作，从电子测量结果中获得反映研究对象特性的信息，从而认识事物，解决问题，掌握事物发展变化的规律。电子测量通常分为测量方式和测量方法。

1. 测量方式

根据得到最终测量结果的方式，测量方式分为直接测量、间接测量和组合测量三种。

能够用测量仪器仪表直接获得测量结果的方式称为直接测量，如 220 V 或 380 V 交流电压，用万用表的交流电压挡就可以测量获取，一个电阻阻值也可用万用表的电阻挡测量获取等。

若被测量的数值与几个物理量存在某种函数关系，则可通过直接测量法得到其中有关物理量的值，再由函数关系计算出被测的值，这种测量方式称为间接测量。例如三极管单极放大器静态工作点电流 I_{cQ}、I_{eQ} 的测量（图 1-1），通常情况下，测量三极管的静态工作状态，应该测

量发射极电流 I_{eQ} 和集电极电流 I_{cQ}，这时必须将 R_e 或 R_c 一端断开，将万用表的电流挡串联在其回路上测量电流。在实际工作中有很多不便，一般采取测发射极 R_e 和集电极 R_c 两端的电压，然后由欧姆定律 $I = U/R_e$ 计算出电流值。这一测量过程就属于间接测量。

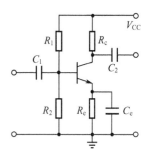

图 1-1　三极管放大器

实际上某物理量的测量，它的直接测量和间接测量与使用的仪器仪表和测量方法有关，比如有时要测量几十安以上的电流，或测量空气中的温度、湿度、气压等，若有专用仪器仪表，就可以直接测量获得以上数据，若没有专用仪器仪表，也可以将上述物理量进行某种转换，用间接的方法进行测量。但是间接测量法必须存在一种函数上的关系，否则测量结果是毫无意义的。

当含有多个需要知道但不能直接测量的未知量，且它们与几个可直接或间接测量的物理量之间满足某种函数关系时，可通过联立求解（联立方程组）获得未知量的数值，这种测量方式称为组合测量方式。例如某一个有源的端口网络 N 与负载连接，要测量 N 的开路电压和内阻，如图 1-2 所示，用直接测量和间接测量都无法获取，但是其端口与负载有伏安特性关系式

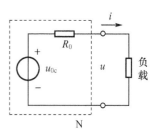

图 1-2　有源端口网络

$$u = u_{0c} - R_0 i \qquad (1-1)$$

为了测量 N 的开路电压 u_{0c} 和等效内阻 R_0，可采用先后改变负载值的方法获取，两次测取端口电压和电流分别为 u_1、i_1 和 u_2、i_2，将它们代入上式，得出下列方程组。

$$\begin{cases} u_1 = u_{0c} - R_0 i_1 \\ u_2 = u_{0c} - R_0 i_2 \end{cases} \qquad (1-2)$$

解出此方程组便可求出参数 u_{0c} 和 R_0。

2. 测量方法

直接从仪器仪表上读数得到测量值的方法称为直读法。例如用电压表测量电压，用功率表测量功率等。将被测量与标准量直接进行比较而获得测量结果的方法称为比较测量法。例如用电位差计测量电压，用电桥测量电阻等，此方法的特征是标准量直接参与被测量过程。优点是测量准确，灵敏度高，适合精密测量，缺点是测量过程较为麻烦。

应当注意测量方式与测量方法概念上的区别，用电压表或功率表直接测量的方法，既是直接测量方式又属于直读法。而用电桥测量电阻则是直接测量方式，不属于直读法而属于比较测量法。

第三节　实验误差分析和仪表的准确度

在实际测量中，由于测量仪器仪表工具的不准确、测量方法的不完善等各种因素影响，实验中实际测量的数值与真实数值并不完全相同，这种矛盾在数值上的表现即为误差。随着科学水平的提高和人们的实践经验、技巧和专业知识的丰富，这种误差被控制的越来越小，但是实验结果都有误差，误差自始至终存在于一切科学实验过程中。

一、绝对误差

绝对误差 Δx 是被测量的测量值与真值之间的差值,即

$$\Delta x = x - x_0 \tag{1-3}$$

式中　Δx——绝对误差;

　　　x——被测量的测量值(测量仪器的指示值);

　　　x_0——被测量的真值。

一般来说,真值 x_0 是一个理想概念,除理论真值和计量学的约定真值外,真值是无法精确得知的。在一定的条件下,被测量的真值虽然是客观存在的,但由于人们认识客观事物的局限性,使我们并不能确切地知道真值的真实大小,只能尽量设法逼近它。通常,真值是由理论给出或国家计量标准规定的。在普通的测量工作中,真值往往是用更高标准的仪器所测得的值(叫做实际值)来代替。

绝对误差的表示方法往往不能确切地反映测量的准确程度。例如,测量两个电压,其中一个电压 $U_1 = 100$ V,其绝对误差 $\Delta U_1 = 1$ V;另一个电压 $U_2 = 10\ 000$ V,其绝对误差 $\Delta U_2 = 10$ V,尽管 $\Delta U_2 > \Delta U_1$,但我们并不能因此得出 U_1 的测量精度较 U_2 高的结论。恰恰相反,U_1 的测量误差对 U_1 而言占 1%,而 U_2 的测量误差只占 U_2 的 0.1%。可见,绝对误差不足以表明测量的准确程度。为了弥补绝对误差不足,又提出了相对误差的概念。

二、相对误差

相对误差 r 是绝对误差与真值的比值,通常用百分数表示为

$$r = \frac{\Delta X}{X_0} \times 100\% \tag{1-4}$$

显然,当被测物理量的真值 x_0 与被测物理量的测量值 x 很接近时,可近似

$$r \approx \frac{\Delta X}{X} \times 100\% \tag{1-5}$$

按照 r 的定义可知,上例中 U_1 的测量相对误差为 1%,而 U_2 的测量相对误差为 0.1%。可见,尽管测量 U_2 的绝对误差比 U_1 大,但其测量准确度实际上要比 U_1 高。

三、引用误差

上面介绍的相对误差可以较好地反映测量的准确度。但是,在指针式仪表中,用相对误差来表示整个量程内仪表的准确度,往往感到不便。因为使用这种仪表时,在某一测量量程内,被测量有不同的数值时,若用式(1-5)来计算相对误差,式中的分母数值也随着改变,因此相对误差也不同。为了计算和划分测量仪表的准确度,通常规定仪表量程的满刻度值作为式(1-5)中的分母,有了这样一个统一的标准,所计算得出的相对误差也叫引用误差或叫满度相对误差,若用 r_{m} 表示引用相对误差,则有

$$r_{\mathrm{m}} = \frac{\Delta X}{X_{\mathrm{m}}} \times 100\% \tag{1-6}$$

式中　X_{m}——仪表的满刻度值(量程值)。

常用电工用的指针仪表按 r_m 值分为 ±0.1，±0.2，±0.5，±1.0，±1.5，±2.5，±5.0 七级，分别表示它们的满度相对误差所不超过的百分比。

由上述可知，当一个仪表的等级选定后（即 r_m 已知），测量中绝对误差的最大值与仪表满刻度值成正比，即

$$\Delta X_{max} \leqslant X_m r_m \qquad (1-7)$$

而测量相对误差的最大值为

$$r_{max} \leqslant \frac{X_m r_m}{X_0} \qquad (1-8)$$

在测量中总是满足 $X_0 \leqslant X_m$ 的，可见当仪表的等级 r_m 确定之后，X_0 愈接近 X_m 时，测量中的相对误差的最大值愈小。因此，我们使用这一类连续刻度的仪表测量时，一般情况下应使被测量的数值尽可能在刻度盘 2/3 至满量程的区间内显示。

四、测量误差分类及产生原因

根据测量误差的性质和特点，可将它们分为系统误差、随机误差和粗大误差三类。

1. 系统误差

在相同的条件下，对同一被测量进行多次测量，如果得到的误差的绝对值和符号固定不变，或在测量条件改变时，误差按某一确定的规律变化，则这种误差称为系统误差。

系统误差的产生原因很多，常见的有：测量仪器不准；测量设备安装、放置不适当；测量方法不完善或所依据的理论不严格；采用了不适当的简化和近似等。此外，还有测量者本身的一些不正确的习惯（如习惯于从左视或右视去读取仪表的数据），也必然会带来误差。

针对上述产生系统误差的原因，可以适当采取一些措施，以消除或减小系统误差，常见的措施有以下几种。

（1）对测量仪器定期用高一级的标准仪器进行鉴定和校准，求出其修正值，以便对测量结果进行修正。例如，用某电压表测量电压，电压表的指示值为 6 V，修正值为 + 0.05 V，则被测电压的准确值应为 6.05 V。

（2）注意仪器的正确使用条件和方法。例如，仪器的放置位置、工作状态、使用环境条件及附件的连接和使用等要符合规定，要善于正确地操作所使用的仪器仪表。

（3）对测量者主观因素造成的系统误差，除了要提高测量者的技术水平、责任心、改变不正确的习惯外，也可从仪器设备上改进。例如，采用数字式仪表代替指针式仪表等。

2. 随机误差

在实际相同条件下多次测量同一个被测量时，如果误差的绝对值和符号是变化的，但又没有确定的变化规律可循，那么这种误差称为随机误差。

随机误差主要是由那些互不相关的诸多因素造成的，例如，热骚动、噪声干扰、电磁场的微变、大地的微振等。由于这些测量的随机误差是无法预知的，因此也不能用控制的方法加以消除。但是，在测量次数足够多时，随机误差表现出一定的规律性，其特点是：在多次测量中，随机误差的绝对值不超过一定的界限；绝对值相等的正负误差出现机会相同；多次测量的随机误差有相互抵消的性质。

根据统计理论和大量实践证明，多次测量结果的随机误差的分布形式接近于正态分布，也有部分测量结果的随机误差属于均匀分布或其他分布。

当随机误差接近于正态分布时,其算术平均值随着测量次数的增多而趋近于0。所以,多次测量某一被测量时,可用其算术平均值来代替其真值。而随机误差的大小可以用测量值的标准差(方差)来衡量,它反映了测量数据的离散程度(精度)。

3. 粗大误差

粗大误差也称过失误差。它是一种在一定测量条件下,测量值偏离其真值很大的误差。通常是由测错、读错、记错或算错实验数据而引起的,当测量仪器有缺陷或测量方法出现错误时也会引起这种误差。

粗大误差明显地歪曲了测量结果。例如,在测量所得结果中,某些数据出现突变可称其为坏值,对于这一类测量结果,一经判定应予剔除不用。

4. 合理使用测量仪表减小测量误差

具体在实验中,要学会恰当选用仪器仪表,造成误差的原因要学会分析。例如,本书第二章实验一,在电容反馈三点式振荡器的实验研究中,要绘制出静态工作电流 I_{eQ} 与输出波形 u_0 的一条曲线。电路原理见图 2 - 2,测量静态工作点时,不论采用直接测量法测量电流,还是采用间接测量法测量电压,都要注意仪表内阻,因为仪表内阻的存在,势必带来测量误差。比如采用间接法,使用 MF47 万用表直流电压 2.5 V 挡测量 R_e 两端的电压,调整实验电路中的电位器,使表针指示为 1 V,换用 DT9202 数字万用表直流电压 2 V 挡测量时,R_e 两端电压指示为 1.1 V,这 10% 的误差主要是仪表内阻造成的(MF47 内阻为 20 kΩ,DT9202 内阻为 1 MΩ),其次还包括仪表误差和测量误差等。

同样采用直接测量法,用示波器 SS - 7804(或用 HC - F1000 型测频率计❶及❷)分别测量❶和❷点输出频率 f_0 时,会得出不同数据。这是因为仪表测量线中存在着电抗,对振荡器会造成不同的影响。比如示波器探头存在的分布电容,×1 挡一般的在 150 ~ 300 pF,×10 挡一般在 15 ~ 30 pF 左右,当测量❶点时,相当于在 LC 回路中并上了一个电容 C_x,将原有近似计算公式

$$f_0 \approx \frac{1}{2\pi \sqrt{L(C_3 + C_4)}} \tag{1-9}$$

改变为

$$f_0 = \frac{1}{2\pi \sqrt{L(C_3 + C_4 + C_x)}} \tag{1-10}$$

同样道理测量❷点时也有影响,只是在 LC 回路与 C_x 之间串联一个 C_5,减小了对 LC 回路的影响。若将测量线上存在的分布电阻和电感都折合到 LC 回路中,会造成更大误差,不但影响频率,还会影响输出幅值。因此在做此实验中要加一级射极跟随器,进一步减小测量仪表对被测电路的影响。

综上所述,针对不同的电路,只有合理使用仪器仪表,才能减小测量误差,这是做好每个实验的前提。

5. 正确使用各类信号源

在进行各种实验时,不可避免地要使用信号发生器来测试、调整电子电路和仪器。信号发生器是为进行电子测量提供符合一定技术要求电信号的设备。它的输出特征一般具备输出电压范围和频率准确度、输出波形、输出阻抗、输出频谱纯度等各项指标。实验前对使用的信号源必须有所了解。

(1)要学会选择输出波形、输出频率、输出电压等。

（2）要注意仪表输出电压的表示方法。用电压表头读出的数值一般是电压有效值（U_0），但是随着科学技术发展，信号发生器体积越做越小，去掉了体积较大的表头，直接用数字显示出来，显示方法有的用幅值（u_P）表示，有的用峰－峰值（u_{P-P}）表示。特别是幅值（u_P）或峰－峰值（u_{P-P}）表示法，有的表示空载电压，有的表示阻抗匹配时的电压，使用中要加以区别。有效值、峰值和峰－峰值它们之间的函数关系式为

$$U_0 = \frac{\sqrt{2}}{2}u_P = \frac{\sqrt{2}}{4}u_{P-P} \tag{1-11}$$

（3）注意阻抗匹配。阻抗匹配是指信号源的输出内阻与实验电路的输入阻抗要相等或相接近，否则，从信号源读出的电压会相差甚远。从图1－3的等效电路图中可以看出

$$u_i = \frac{u_s}{r_0 + R_L}R_L \tag{1-12}$$

其中，u_s 是信号源的输出电压；r_0 是信号源的内阻；R_L 是信号源负载（或是实验电路输入电阻）；u_i 是加在负载上的实际电压。

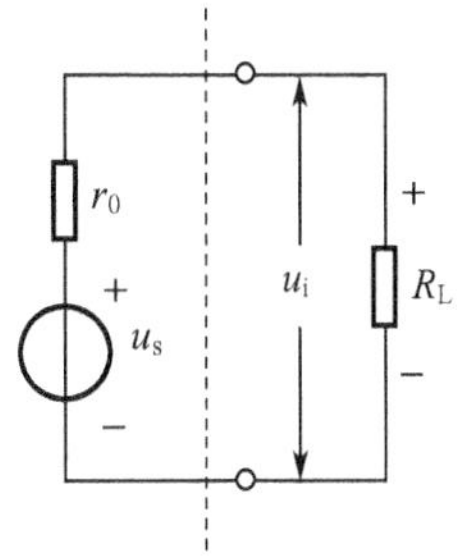

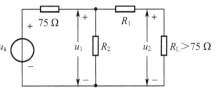

图1－3　等效电路图

从公式（1－12）可以看出，当 R_L 不同时，在 R_L 两端的电压 u_i 会发生改变。如果做放大器的增益实验，从信号源读数据，测量放大器的输出电压，会出现很大的误差。必要情况下在实验时要进行阻抗变换。

例如，信号源的输出阻抗为 75 Ω，当负载电阻 $R_L >$ 75 Ω 时，阻抗变换方法如图1－4所示。

图中

$$R_1 = \sqrt{R_L(R_L - 75)} \tag{1-13}$$

$$R_2 = 75\sqrt{\frac{R_L}{R_L - 75}} \tag{1-14}$$

$$\frac{u_1}{u_2} = 1 + \sqrt{\frac{R_L - 75}{R_L}} \tag{1-15}$$

图1－4　$R_L > 75$ Ω 时的阻抗变换

当负载电阻 $R_L < 75$ Ω 时，阻抗变换方法如图1－5所示。

$$R_2 = R_L\sqrt{\frac{75}{75 - R_L}} \tag{1-16}$$

$$\frac{u_1}{u_2} = \frac{75 + \sqrt{75(75 - R_L)}}{R_L} \tag{1-17}$$

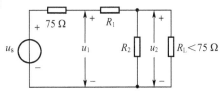

图1－5　$R_L < 75$ Ω 时的阻抗变换

上面两个图中，u_1 为信号发生器输出电压；u_2 为实际加在负载上的输出电压。

第四节　实验数据处理

实验数据处理，是指对实验测量所得数据进行计算、分析和整理，有时还要归纳成一定的表达式，或者画出表格、曲线等；数据处理建立在误差分析的基础之上，通过分析来得出正确的科学结论。数据处理的方法有：有效数字及数字的舍入规则；非等精度测量与加权平均；最小二乘法回归分析等。由于篇幅关系，只做简述。

一、有效数字概念

由于实验中不可避免地存在误差,同时,在计算时对无理数也只能取近似值,因此,当记录或计算的数据是一个近似数时,为了将某个测量结果表示得确切,通常规定近似数表示所产生的误差不得超过其末位单位数字的一半。有效数字是从近似数的左边第一个非零数字起,直至右边最后一个数字止。利用有效数字记录测量结果时,应注意以下几点。

(1)在第一位非零数字左边的"0"不是有效数字,在有效数字之间的"0"和末位的"0"是有效数字。例如0.026 4 kHz中左边二个"0"不是有效数字,而8.06 V和4.30 A中的"0"则是有效数字。

(2)由于有效数字的末位数字与测量精度有关,因此,当末位数字为"0"时,不能随意删除,例如,4.30 A表明测量误差不超过0.005 A,若随意改写为4.3 A,则意味着测量误差不超过0.05 A,这显然不合适。

(3)若采用"10"的方幂表示一个数据,则它前面的数字都是有效数字。例如1.30 × 10^3 Hz表明有效数字是三位。

(4)有效数字的位数不因采用单位的改变而变。例如,测量电流用"A"为单位,测得结果为2 A,若用"mA"为单位,可写为2×10^3 mA,不能写成2 000 mA。因为2 A和2 000 mA对应的测量精度是不同的。如果测量结果为2.000 A,则改写成2 000 mA是允许的,因为两者有效数字位数相同,对应的测量精度是一致的。

二、数字舍入规则

目前较广泛采用的舍入规则并不是古典的"四舍五入"法则,当要保留几位有效数字时,为了不产生较大的累计误差,应按下述规则舍入。

(1)若$n+1$位及其后面的数字小于第n位单位数字的一半,则舍去;若大于第n位单位数字一半时,将第n位数字进1。

(2)若$n+1$位及其后面的数字恰好等于第n位单位数字的一半,则当第n位数字为偶数或零时,就舍去后面的数字;而当第n位数字为奇数时,则第n位数字进1。

下面是根据上述法则保留三位有效数字的几个例子。

54.46→54.5　　(因0.06 > 0.05,所以末位进1)

23.041→23.0　　(因0.041 < 0.05,故舍去)

373.5→374　　(舍去0.5,恰好是第三位单位数字的一半,而第三位数字是奇数故进1)

35 850→358 × 10^2(舍去50,恰好是第三位单位数字100的一半,而第三位数字8为偶数故舍去)

上面的舍入规则可简单地概括为:小于5舍,大于5入,等于5时取偶数。采用这些规则对测量数据或计算结果的多余的位数进行处理,实际上是从不确定数处对齐截断,既能正确反映被测量的真实和可信程度,又使数据的表达不过于冗长和累赘。

三、实验数据整理和表示法

1. 实验数据整理

在实验中所记录的原始测量数据,需要加以整理,进一步分析、评估,给出切合实际的结论。通常希望将记录的原始数据按顺序排列,剔除偏差较大的坏值和粗大误差,补充缺损数据。

测试中有时会出现偏差较大的数据,一种是随机误差,一种是粗大误差,这两种误差必须剔除。在数据处理过程中,有时会遇到缺损的数据,可以在实验中及时补充。

2. 实验数据表示法

实验测量所得到的数据,只有经过整理、运算、分析和处理后,才能得出实验规律或结果。常用的实验数据处理方法有列表法和图形表示法。

列表法是常用的实验数据表示方法。其特点是形式紧凑,便于数据的比较和检验。图形表示法是将数据在图纸上绘制成图形,也是实验数据的一种表示方法。绘图法的优点是直观、形象,能清晰地反映出变量间的函数关系和变化规律。

第五节 实验故障的排除

在测量过程中,故障的出现是常有的事,分析和排除故障,是培养同学们综合分析问题能力的一个重要方面。要做好一个实验,同学们要有一定的理论基础和较熟练的实验操作技能。实验中应该尽可能地及时对数据做初步分析,以便及时发现问题,当即采取措施,提高实验质量。

一、一般排除故障的原则

(1)出现故障时应立即切断相关电源,避免故障扩大。

(2)根据故障现象,判断故障原因。实验中出现的故障原因大致可分为两大类:一类是破坏性故障,对仪器、设备、实验电路造成损坏,现象常常是有冒烟、有焦味、器件发热等。另一类是非破坏性故障,现象是稳压电源无电压指示、仪器指示灯不亮、实验板上无电压、实验输出波形不正常等。

(3)根据故障性质,确定故障的检查方法。对破坏性故障,不能采用通电方法检查,在不能查明原因时,应请指导教师帮助排除。对非破坏性故障,也应切断电源观察,确定通电没有问题时再采用通电的检查方法,进行检查时首先应知道正常情况下,电路各处的电压、电流及波形,做到心中有数,再用仪表进行检查,逐步缩小故障范围,直到找到故障点。

二、一般故障原因

做通信实验时产生故障的原因很多,一般可归纳为以下几点。

(1)电源接线错误、正负电源接反、电压过高或过低,造成电路器件烧毁或者电路不能正常工作。

(2)测试错误,使用的仪表操作不当,例如万用表挡位错误,用电流挡测量电压,示波器测量探头接反等,同样也会造成仪表损毁、器件烧坏、电路不能正常工作等。

第六节 实验报告撰写

要想圆满地完成一项实验,必须把握三个环节,即实验前充分预习,实验中正确操作,实验后撰写一份完整的报告。而写好一份报告也是为今后撰写技术报告和科技论文打基础。下面逐一说明一份完整的实验报告所应该包含的内容。

1. 标题页

一份完整的实验报告由标题页和报告正文两部分构成。每份实验报告的标题页包括:实验的标题、实验者的姓名、实验合作者的姓名、实验日期、提交报告的日期等内容。

2. 实验目的

在实验报告正文部分,首要的是简洁、明了、恰如其分地记述实验目的,切忌使用过于笼统的语言来描述它,更不要把它扩大超出一个实验单元可能实现的范围。

3. 实验设备及器材

在这一部分中应将实验设备列写清楚:实验中所使用的仪器仪表的型号,主要元器件的规格,甚至写出制造厂家,这样可为实验结果的可靠性和精确程度做出初步判断提供参考。

4. 实验步骤

实验步骤要用实验者的语言简明扼要地描述,而不是原封不动地照抄指导书上的内容,必须是实验过程中实际进行的操作步骤,此外还应包括测试的原理电路图(或原理框图),每张图上应有标注电路作用的标题。

5. 实验数据处理

实验数据包括实际测得的数据(有时也可能是波形)和根据测量结果计算得到的数据,这里需要注意以下几个问题。

(1)要根据误差的要求,正确选取数据的有效数字的位数,而计算所得数据的精度要与测量数据精度相吻合。

(2)列表说明数据时,每张表格应加有标题,表中所列数据应附有单位,同一类型的参数采用的单位力求相同,计算所得的数据也可列在同一表格中,但应清楚地说明是计算值。

(3)当需要绘制曲线或波形时,应在坐标轴上标刻度及物理量和单位,每张图上测量的数据点要用记号表示,每条曲线应该画得连续光滑,而不是用各个数据点的值机械相连成折线或弧线,需将实验结果与理论曲线进行对比时,则后者也应画在同一张图上,所使用的刻度及物理量和单位应相同。

6. 误差分析

任何一次实验的结果都存在误差,认真进行误差分析,不仅是为提高实验的质量,还是为提高分析和解决实际问题的能力,培养洞察客观事物本质的能力。

实验者处于训练阶段时,主要是弄清实验误差产生的原因,区分对误差影响大小不同的因素,误差的分析计算要由浅到深,力求探寻出误差的变化规律。

当进行的实验是验证某项理论时,则应把实测数据与理论计算结果作对比分析,具体细致地讨论产生误差的原因及影响。

而当进行的是设计性综合实验时,则应确切定出最佳的测量方案,提高测量的准确度,使测量误差减到最小。对这一方面的实验,由于暂时认识能力不足,不能很快找到误差的变化规律时,也应尽力找出产生误差的大体范围。

7. 结论

结论部分应是实验报告中最重要的部分之一。所有结论都应以实验数据、波形或从实验中观察到的现象做为基础,并且还应与实验目的相适应。由于每一项实验都是在一定条件下进行的,测得的数据的数量也是有限的,而据此所得出结论,其适用范围也往往是有限的,故一般不应把它扩大到超出所做实验范围之外。

实验者若发现所获数据能揭示出一种未曾预料到的结果,也应在结论部分中加以陈述,并力争对此新现象做出初步的解释与判断。

实验者发表个人论点,提出独特创新的看法,可以在结论部分写出。修正实验方案及步骤,增删实验项目内容,提高误差分析精度等改进建议,都可以在结论部分提出来。

上面阐明了对一份完整实验报告的基本要求。实际是要求在报告中尽量少写或不写指导书内容,而是将发现问题、提出问题、解决问题等题材尽量多写。只是抄写一遍实验指导书内容的报告,不仅浪费实验者和教师评阅的时间,而且这种情形会使实验者的思维想象能力更加狭窄。

除此之外,一份高水准的实验报告还应做到:文理通顺、字迹端正、图文并茂、页面整洁。

8. 举例

以下选录了一份写得比较完整的实验报告,供参考。

(标题页)

运算放大器的闭环增益

实验日期: 年 月 日　　　　　　实验者:×××

提交报告日期: 年 月 日　　　　　同组者:×××

(报告正文)

(一)实验目的

本次实验的目的是:通过实验验证用 R_f/R_i 的比值来确定运算放大器闭环增益的正确性。R_f 是反馈电阻,R_i 是接在运算放大器反相输入端的电阻。

(二)实验使用的设备及器材

1. 直流稳压电源(型号××××)

2. 双踪示波器(型号××××)

3. 信号发生器(型号××××)

4. 电阻器

2.2 kΩ,4.7 kΩ,10 kΩ(2 个),15 kΩ,22 kΩ,33 kΩ,47 kΩ,全部电阻皆为 1/2W,5% 的精度。

(三)实验步骤

电路连接如图 1-6 所示。调节信号发生器,使之输出一个频率为 1 kHz,峰值为 1 V 的正弦波形,同时用双踪示波器监测运算放大器的输入电压 u_i 和输出电压 u_0。

保持 u_i 的幅值不变,依次改换反馈电阻 R_f 的标称值为 2.2 kΩ,4.7 kΩ,10 kΩ(2 个),15 kΩ,22 kΩ,33 kΩ 和 47 kΩ。测量相应的输出电压 U_0。

(四)实验数据

实验电路中换接不同的反馈电阻 R_f,所测得的输出电压 u_0 的数值如表 1-1 所示。测量过程中,保持输入电压 u_i 为 1 V,输入电阻 R_i 的数值为 10 kΩ。

表 1 – 1　R_f 不同时测得的输出电压和增益

$R_f/\text{k}\Omega$	u_0/V	u_0/u_i	R_f/R_i	误差/%
2.2	0.24	0.24	0.22	9.09
4.7	0.50	0.50	0.47	6.38
10	0.98	0.98	1.00	−2.00
15	1.65	1.65	1.50	10.00
22	2.30	2.30	2.20	4.55
33	3.52	3.52	3.30	6.67
47	4.81	4.81	4.70	2.34
注:测得的输出电压同输入电压相位相反(即有 180° 之相移)。				

图 1 – 7 所示为增益 u_0/u_i 与反馈电阻 R_f 的关系曲线。

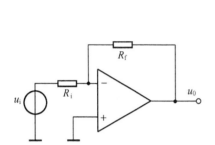

图 1 – 6　电压增益测量电路

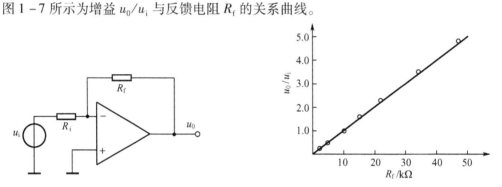

图 1 – 7　增益 u_0/u_i 与反馈电阻 R_f 的关系

（五）计算实例

1. 实验电压增益（幅值）

因为实际测量　　$u_i = 1\ \text{V}$　　$u_0 = 0.24\ \text{V}$

那么电压增益为　　$G = \dfrac{u_0}{u_i} = \dfrac{0.24}{1} = 0.24$

2. 理论电压增益　　$G' = \dfrac{R_f}{R_i} = \dfrac{2.2}{10} = 0.22$

3. G 与 G′ 之间的百分误差

误差 $\dfrac{G - G'}{G'} = \dfrac{0.24 - 0.22}{0.22} = 9.09\%$

（六）误差分析

表 1 – 1 所列数据表明,实验所得电压增益由理论公式 R_f/R_i 所确定的增益之间,约有不大于 10% 的误差。产生这种误差的最可能起因是,电阻实际数值与标称值之间的不同,由于电阻的精度是 5%,故每一个电阻的实际数值可在标称值的 ±5% 范围内。

由于 $R_i = 10\ \text{k}\Omega$,故其最小值为 9.5 kΩ,最大值为 10.5 kΩ,从而可得 R_f/R_i 的最大值和最小值分别为

$$\left(\frac{R_f}{R_i}\right)_{\max} = \frac{R_{f\max}}{R_{i\min}} = \frac{1.05}{9.5} = 0.110\ 5 \times 10^{-3}$$

$$\left(\frac{R_\mathrm{f}}{R_\mathrm{i}}\right)_\mathrm{min} = \frac{R_\mathrm{fmin}}{R_\mathrm{imax}} = \frac{0.95}{1.05} = 0.090\ 5 \times 10^{-3}$$

对表 1 - 1 中所列的每一个 R_f 值，u_0/u_i 是小于 $(R_\mathrm{f}/R_\mathrm{i})_\mathrm{max}$ 或大于 $(R_\mathrm{f}/R_\mathrm{i})_\mathrm{min}$。因此，表中所列的百分误差不大于由电阻值变化所引起的预期误差。

另一种引起 u_0/u_i 与 $R_\mathrm{f}/R_\mathrm{i}$ 之间差异的原因，可能是由于 $R_\mathrm{f}/R_\mathrm{i}$ 只是 u_0/u_i 的近似值的缘故。这两者之间的真实关系应为

$$\frac{u_0}{u_\mathrm{i}} = \frac{-R_\mathrm{f}}{R_\mathrm{i}}\frac{A}{A + 1/B}$$

式中，$B = R_\mathrm{i}/(R_\mathrm{i} + R_\mathrm{f})$，$A$ 为运算放大器的开环增益。对 μA741 型运算放大器，其最小的开环增益约为 5×10^4，而实验电路中，$1/B$ 的最大值为 $(10\ \mathrm{k}\Omega + 47\ \mathrm{k}\Omega)/10\ \mathrm{k}\Omega = 5.7$，所以有

$$\left(\frac{A}{A + 1/B}\right)_\mathrm{min} = \frac{5 \times 10^4}{5 \times 10^4 + 5.7} \approx 0.998\ 8$$

这是极其接近于 1 的一个数，因而，用 $R_\mathrm{f}/R_\mathrm{i}$ 可近似表示 u_0/u_i。

此外，测量 u_0 和 u_i 的方法也可能引起误差。因为，这些数据是从示波器上测其峰值得到的，示波器的分辨率有限，而扫描线的宽度也无法调细到"零"，这些都会引起一些测量误差。

（七）数据说明与结论

如上所述，u_0/u_i 与 $R_\mathrm{f}/R_\mathrm{i}$ 之差异，对任何一组数据而言，皆不超过 10%。误差分析表明，这一误差来源于 5% 精度的电阻的实际值与标称值之间的差异，从而我们可以得出这样的结论：用 $R_\mathrm{f}/R_\mathrm{i}$ 确定运算放大器增益是能用实验很好地验证的。

表 1 - 1 所列数据表明，除了 $R_\mathrm{f} = 10\ \mathrm{k}\Omega$ 一种情况之外，所有测得的 u_0/u_i 值都大于 $R_\mathrm{f}/R_\mathrm{i}$ 的值。当 $R_\mathrm{f} = 10\ \mathrm{k}\Omega$ 时，误差为 -2.00%，而其余的误差全为正值。这些结果，使人联想到，实际使用的 R_i 的值是小于其标称值的，而每次测量使用的 R_i 是相同的，因而使得 $R_\mathrm{f}/R_\mathrm{i}$ 的值总是大于用 R_i 算得的数值。至于 u_0/u_i 小于 $R_\mathrm{f}/R_\mathrm{i}$ 的情况，则可能是由于 R_f 的值碰巧也较小或是由于上述其他的误差来源之故。

$u_0/u_\mathrm{i} \sim R_\mathrm{f}$ 曲线表明，运算放大器的闭环增益与反馈电阻 R_f 呈线性关系。即

$$\frac{u_0}{u_\mathrm{i}} = G = \frac{R_\mathrm{f}}{R_\mathrm{i}}$$

当 R_i 为固定值时，G 与 R_f 呈正比。与普通直线方程 $y = mx + b$ 相比较可知，$G = R_\mathrm{f}/R_\mathrm{i}$ 的斜率(m)为 $1/R_\mathrm{i}$。图 1 - 7 中所测得的这根直线的斜率为 1.04×10^{-3}，由它所确定的 R_i 的值应为

$$R_\mathrm{i} = \frac{1}{m} = \frac{1}{1.04 \times 10^{-3}} = 9.62\ \mathrm{k}\Omega$$

这一 R_i 的值是小于 R_i 的标称值 $10\ \mathrm{k}\Omega$ 的，从而进一步证明测量中实际使用的 R_i 的值小于 R_i 的标称值。

每次测量时，运算放大器输出电压 u_0 与输入电压 u_i 相位相差 180°，从而可以得出结论：若将输入信号加到运算放大器的反相端，而将非反相端接地，则运算放大器的输出与输入电压之间有 180° 的相移，因而，所有的增益表示式，(u_0/u_i 和 $R_\mathrm{f}/R_\mathrm{i}$) 计算时，在其前面都应冠以 "-" 号，以示反相。

最后，对本实验有如下建议：在"实验步骤"中最好包括输入电阻 R_i 和反馈电阻 R_f 的测

量,并用测得的数据值而不是标称的数据值进行计算,以减小理论计算与实验结果之间的误差。另外,最好能使用更精确的电阻代替5%精度的电阻进行实验。

第七节 设计报告的编写

一、设计报告编写基本要求

课程设计报告是设计全过程的总结,它的写法与写实验报告有相似之处,但又不同于普通的实验报告形式。对于编写课程设计报告来说,大体上提出的要求有以下几点。

1. 审题部分

根据所选课题给出的必须完成的技术指标,分析可选方案的特点,确定总体组成方框图。其中特别注意的是,通过审题应对每一个技术指标的完成提供可靠的依据,具有合理性,不能带有随意性。

2. 方案选择部分

在几种可以实现的不同方案中,依照总体方框图及各个部分的技术指标,尽量从可行性、性能价格比、繁简程度、可靠性、通用性等多方面进行分析、计算、比较,有理有据地选定方案。

对所选方案应画出细化方框图,指出或标出关键单元电路及关键元器件,一般来说,课程设计中需用的集成电路是关键所在,但常因条件限制,不能任意挑选它们的型号和品种,这一点在所选方案中要加以说明。

3. 单元电路设计

所涉及的关键单元电路,要详细掌握其工作原理与使用方法,进行必要的电路参数计算,提出对外围电路的要求。在这一过程中查找器件手册等参考资料是非常必要的,各种重要数据及特性曲线,均应在设计报告中有所反映。

4. 整体电路组成图

根据各个单元电路及分配的技术指标要求,画出以通用模块电路(名称、型号)为基础的整体电路图。通常整体电路图编排在测量与测试结果后面。

5. 实验测量结果部分

基本上参照前面写实验报告中所提到要求,这一部分内容应与设计过程相一致,对关键部位波形或数据进行分析。有可能的话,与用计算机仿真的结果对照。列出可靠的指标测试结果。

6. 软件部分

当用到需自行编程使用的器件时,可将写出的软件内容附后。但对纯硬件电路(不必自行编程)就不必要有这部分内容。

除了上述几方面要求之外,课程设计报告中应反映收获和体会,提出改进意见,对所完成的设计工作做出客观全面的评价。

参考资料目录应在报告后面列出,包括作者姓名、资料名称、出版社、出版日期等。

总之,在编写课程设计报告时,应强调设计思路、整体指标、电路结构、选择依据等,电路设计应给出关键计算公式,省略详细计算过程,注意重要环节的理解与分析,这样才能编写出一份具有特点的设计报告。

二、设计报告的提纲格式示例

锁相式数字频率合成器的设计（设计题目 三号字）

班级＿＿＿＿＿ 姓名＿＿＿＿＿ 评分＿＿＿＿＿（四号字）

引言
（几十字左右,小四号字）

（正文 标题部分四号字,内容部分小四号字）

一、设计任务和技术指标

1. 工作频率范围:……;
2. 步进频率间隔:……;
3. ……
4. ……
   ⋮

二、设计方案选择

在锁相频率合成法中,……,原理框图如图×－×1所示。
   ⋮

图×－×1 锁相式数字频率合成器的组成

三、电路原理与设计

1. 分频器的预置

……,两片74LS163(1)、(2)的预置端ABCD的具体预置如表×－×1所示:

表×－×1

频率/kHz	片(1)ABCD	片(2)ABCD	分频比
…	…	…	…
160	1 1 1 1	0 0 0 0	240～255
170	1 1 1 0	1 1 1 1	239～255
…	…	…	…

2. 锁相环路的参数计算

（1）VCO 压控灵敏度

……，可由逐点测量法获得数据，按下式求出 K。

$$…… …… ……（公式）$$ （×-×）

式中，……，单位……。

（2）…… …… …… 。

四、测量结果及分析

1. t_c、t_m 的测量与误差分析

…… …… …… ……

2. 无源比例积分器参数计算

⋮

五、总体电路图

全部设计电路图如图×-×2 所示。……。

采用统一符号画图

图×-×2　两片式……电路总图

（图中应标出器件型号、管脚连接、元件参数、电源电压等）

六、收获和体会

⋮

（×月　×日）

参考书

1. …

2. …

⋮

注：上面文字中的四号字、小四号字、三号字……，系指计算机中的字体大小。

第二章　基本单元电路实验研究

实验一　电容反馈三点式振荡器的实验研究

一、实验目的

(1) 通过实验深入理解电容反馈三点式振荡器的工作原理,熟悉改进型电容反馈三点式振荡器的构成及电路中各元器件的作用;

(2) 研究不同的静态工作点对振荡器起振、振荡幅值和振荡波形的影响;

(3) 学习使用示波器和数字式频率计测量高频振荡器振荡频率的方法;

(4) 观察电源电压和负载变化对振荡幅值、频率及频率稳定性的影响。

二、实验原理

电容反馈三点式振荡器的基本原理电路(考毕兹振荡器)如图 2 - 1(a)所示。由图可知,反馈电压由 C_1 和 C_2 分压得到,反馈系数为

$$B = \frac{C_1}{C_1 + C_2} \tag{2-1}$$

起振的幅值条件为

$$g_\mathrm{m} > \frac{1}{B} g_\mathrm{p}（忽略三极管 g_\mathrm{e}） \tag{2-2}$$

其中,g_m 为晶体管跨导;g_p 为振荡回路的等效谐振电导。图 2 - 1(a)所示等效电路中的回路总电容为

$$C = \frac{C_1 \cdot C_2}{C_1 + C_2} \tag{2-3}$$

振荡频率近似为

$$f_\mathrm{g} \approx \frac{1}{2\pi \sqrt{LC}} \tag{2-4}$$

注意:改变 C 调整 f_g 时,反馈系数会受影响。

当满足 $A_\mathrm{u}B > 1$ 时,电路起振后,振荡幅值愈来愈大,晶体管逐渐趋向大信号非线性工作状态,放大倍数 A_u 则逐渐下降,当下降到 $A_\mathrm{u}B = 1$ 时,振荡幅值趋于稳定。高 Q 值 LC 谐振回路可选出晶体管输出多谐振荡电流中的基频电流分量,该基频电流分量在回路谐振阻抗上产生的输出电压仍为一完整的正弦波。

当外界条件(如温度等)发生变化时,振荡回路元器件及晶体管结电容要发生变化,从而使得振荡频率发生漂移。因此,为了改善普通电容反馈三点式振荡器的频稳度,可在振荡回路中引入串接电容 C_3,如图 2 - 1(b)所示,当满足 $C_3 \ll C_1$、C_2 时,C_3 明显减弱了晶体管与振荡回

路的耦合程度。为了得到较宽的波段覆盖效果,引入并联电容 C_4(它和 C_3 为同一个数量级),回路总电容近似为 $C \approx C_3 + C_4$。这种改进型电容反馈振荡器称为西勒电路,其振荡频率为

$$f_g \approx \frac{1}{2\pi \sqrt{L(C_3 + C_4)}} \qquad (2-5)$$

当改变 C_4 调节 f_g 时,振荡器的反馈系数不会受到显著影响。

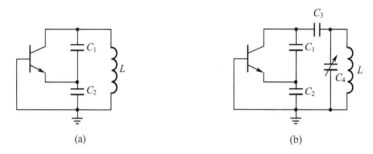

(a)   (b)

图 2 - 1 电容反馈三点式振荡器的交流等效电路图

三、实验电路说明

本实验电路采用西勒振荡器,如图 2 - 2 所示。由图可知,电容 C_1、C_2、C_3、C_4 和电感 L_1 组成振荡回路。晶体管 VT_1 的集电极直流负载为 R_c,偏置电路由 R_1、R_2、W_1 和 R_e 构成,改变电位器 W_1 可改变 VT_1 的静态工作点。静态电流的选择既要保证振荡处于截止平衡状态,也要兼顾开始建立振荡时有足够大的电压增益。晶体管 VT_2 与 R_3、R_4 组成一级起隔离作用的射随器。另外,为了用频率计测量振荡器工作频率时不影响电路的正常工作,接入了电阻 R_7(1 kΩ)。图中振荡器的交流负载实验电阻为 R_5、R_6。

四、实验仪器及设备

(1) 双踪示波器   SS - 7804 型   1 台
(2) 数字式频率计   HC - F1000 型   1 台
(3) 直流稳压电源   WYJ - 30F 型   1 台
(4) 数字万用表   DT9202A 型   1 台
(5) 实验电路板   1 块

五、预习要求

(1) 复习三点式振荡器的工作原理(包括起振的幅值和相位条件),了解影响振荡器起振波形和频率的各种因素。

(2) 预习有关 HC - F1000 型数字式频率计测量频率的原理及使用方法,了解 SS - 7804 型双踪示波器的使用及测量信号频率和幅值的方法。

(3) 画出实验电路的交流等效电路,当取 $C_1 = 180$ pF,$C_2 = 330$ pF,$L_1 = 10$ μH 时(图2 - 2 中已给出 C_3,C_4 为 10 pF 电容),计算振荡频率 f_g、反馈系数 B 各等于何值?

(4) 若接通电源后发现振荡器并未起振,试估计可能是哪些原因造成的? 如何解决?

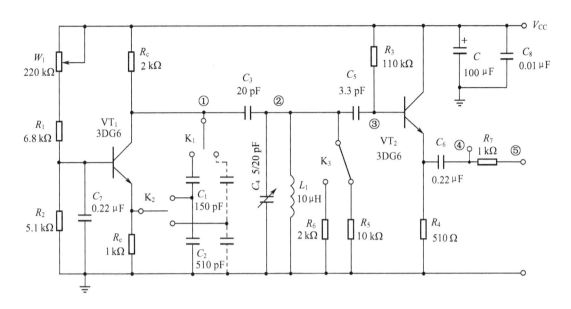

图 2 - 2　改进型电容反馈振荡器实验电路

（5）若③点波形正常但幅值太大,问④点波形会不会出现失真？为什么？

六、实验内容

1. 晶体管静态工作点不同时对振荡器输出幅值和波形的影响

（1）接通 + 12 V 电源,调节电位器 W_1 使振荡器振荡,此时用示波器在④点刚好观察到不失真的正弦电压波形(负载电阻 R_5 或 R_6 暂不接入)。

（2）调节 W_1 使振荡管静态工作点电流 I_{eQ} 在 0.5 ~ 4 mA 之间变化(用万用表测量射极电阻 R_e 两端电压,计算出相应电流近似为 I_{eQ} 大小,至少取 5 个点),用示波器测量并记录下④点的幅值与波形变化情况,绘制出 $I_{eQ} - u_0$ 曲线图。分析为什么静态工作点过大和过小都不振荡。

2. 外界条件发生变化时对振荡频率的影响及正确测量振荡频率

（1）选择合适的 I_{eQ}(1 ~ 2 mA),使振荡器正常工作,在④点上测量,从示波器上读出频率和幅值,再测量③点和⑤点,分别读出振荡器的振荡幅值和频率,分析上述几点的频率和幅值为何不同。

（2）用数字式频率计(以 kHz 为单位,测到小数点后面第二位有效数字)重测,试比较在③点测量和在⑤点测量有何不同？为什么？用数字式频率计测量⑤点,可以每 10 s 左右记录一次频率值,至少记录 5 次,计算出振荡器频稳度的数量级。

（3）将不同负载电阻(R_5 和 R_6)分别接入电路,调节 W_1,用示波器在④点观察,看能否起振,记录输出振幅和波形的变化,若不起振,分析是什么原因。

（4）将负载断开,改变电源电压 V_{CC} 分别为 + 6 V、+ 8 V、+ 10 V、+ 12 V、+ 14 V、+ 16 V、+ 18 V,保持振荡器合适的静态工作点不变,用示波器测量④点,并记录振荡器输出振幅、波形和频率的变化。

3. 选取几种电容值不同的 C_1 和 C_2，比较反馈系数过小或过大时的起振情况（最少选 5 组不同的值）

绘制出反馈系数与输出电压的关系曲线。

注意：改变 C_1 或 C_2 时，应选合适的静态工作点 I_{eQ}。

完成该实验步骤后，复原 K_1、K_2、K_3 插针上的短路帽位置，将选取的电容代替 C_1、C_2。

七、实验报告要求

（1）整理各实验步骤所得的数据和波形，绘制输出振幅随静态电流变化的实验曲线。

（2）分析各步骤的实验现象所说明的电路理论。

（3）回答下列问题。

① 为什么静态工作点电流不合适时会影响振荡器的起振？

② 在⑤点和③点用频率计（或示波器）所测得频率不同是什么原因？哪一点测得的结果更准确？

提示：要考虑示波器或频率计的输入电抗对被测电路的影响。

③ 振荡器负载的变化为什么会引起输出振幅和频率的变化？

提示：参考书[9]推导振荡频率为

$$f_g = \frac{1}{2\pi}\sqrt{\frac{1}{LC} + \frac{g_{ib}g_p}{C_1 C''_2}} \approx \frac{1}{2\pi}\sqrt{\frac{1}{LC}} = f_0$$

式中，$g_p = g_0 + g_L$。上式表明 f_g 不仅与 f_0 有关，还与负载 g_L 和晶体管参数有关。

（4）实验心得体会。

实验二 振幅调制与解调的实验研究

一、实验目的

（1）掌握集成模拟乘法器构成的振幅调制电路工作原理及特点。

（2）学习调制系数 m 及调制特性（$m \sim U_{\Omega m}$ 关系曲线）的测量方法，了解 $m < 1$ 和 $m = 1$ 及 $m > 1$ 时调幅波的波形特点。

（3）了解大信号峰值包络检波器的工作过程，学习检波器电压传输系数的测量方法。

（4）研究检波器的负载参数 R_{LD}、C 和 R_{LA} 对检波性能的影响。观察和了解检波器产生负峰切割失真和惰性失真的波形特点和原因。

二、实验原理

1. 振幅调制

根据调制原理可知，就频率域而言，调幅的实质是一种频谱的搬移过程，即将调制信号频谱线性地搬移到载频两侧；就时间域而言，调幅则视为调制信号与载波信号的乘积。因而，在低电平调制时，可用模拟乘法电路将调制信号与载波相乘实现调幅。

设调制信号为 $u_\Omega = U_{\Omega m}\cos\Omega t$，载波信号为 $u_c = U_{cm}\cos\omega_c t$，两个信号同时加到模拟乘法器上，则模拟乘法器输出为

$$u_0 = Ku_\Omega \cdot u_c = KU_{\Omega m}U_{cm}\cos\Omega t\cos\omega_c t$$

$$= \frac{1}{2}KU_{\Omega m}U_{cm}\cos(\omega_c + \Omega)t + \frac{1}{2}KU_{\Omega m}U_{cm}\cos(\omega_c - \Omega)t \qquad (2-6)$$

式中,K 为乘法器的乘积系数。

显然,式(2-6)为一个抑制载波的双边带调幅信号(SC-DSB),欲实现单边带调幅信号(SSB),可在 SC-DSB 信号的基础上,采用边带滤波方法,滤除一个边频(带),或者采用移相法直接产生 SSB 信号。

若利用模拟乘法器产生普通调幅波,可将调制电压 u_Ω 和某一个直流电压叠加后再与载波电压 u_c 一起作用于乘法器,则乘法器输出信号将是一个普通调幅波(AM),普通调幅波的振幅包络形状与调制信号波形相同,此时有

$$u_0 = K(1 + u_\Omega) \cdot u_c = Ku_c + Ku_c u_\Omega$$

$$= KU_{cm}\cos\omega_c t + \frac{1}{2}KU_{\Omega m}U_{cm}\cos(\omega_c + \Omega)t + \frac{1}{2}KU_{\Omega m}U_{cm}\cos(\omega_c - \Omega)t$$

$$(2-7)$$

2. 调幅波解调

调幅波解调也称为检波,它是调幅的逆过程。检波的方法分为包络检波和同步检波,本实验研究的是二极管包络检波的有关问题。

就二极管包络检波器工作原理而言,当检波器输入高频等幅波幅值大于(0.5~0.7) V 时,即为大信号峰值包络检波状态。图 2-3 为二极管包络检波器的原理电路。由该图可知,当二极管 D 正向导通时,输入高频信号 u_s 通过 D 向电容 C 充电,充电时间常数为 $R_D C$(R_D 为二极管正向导通电阻);当二极管 D 截止时,电容 C 上存储的电荷通过电阻 R_{LD} 放电,放电时间常数为 $R_{LD}C$。通常有 $R_D \ll R_{LD}$,所以对电容 C 而言,充电快、放电慢。因此,经过若干个高频周期之后,检波器输出电压 u_0 在充放电过程中逐渐建立起来,随着 u_0 逐步上升,二极管 D 的导通时间逐渐缩短,当电容 C 的充放

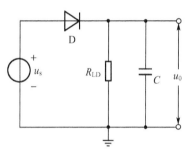

图 2-3 二极管包络检波原理电路

电过程达到动态平衡时,输出电压的平均值近乎为直流电压,即与输入等幅波振幅包络相同,从而实现了幅值检波。当检波器输入为普通调幅波时,只要检波器的参数选择合适,同样可以得到与输入调幅波振幅包络相似的检波输出电压。

二极管包络检波器的主要性能指标为

(1) 电压传输系数 K_d。

当输入为高频等幅波,即 $u_s = U_{sm}\cos\omega_s t$ 时,则有

$$K_d = \frac{U_{av}}{U_{sm}} \qquad (2-8)$$

式中,U_{av} 为检波器输出平均电压。

当输入为单音普通调幅波,即 $u_s = U_{sm0}(1 + m\cos\Omega t)\cos\omega_s t$ 时,则有

$$K_{d\Omega} = \frac{U_{\Omega m0}}{mU_{sm0}} \qquad (2-9)$$

式中，$U_{\Omega m0}$ 为检波器输出电压中低频交流分量的振幅；mU_{sm0} 为输入单音普通调幅波包络的振幅。

按照式(2-8)和式(2-9)，利用示波器可测得 K_d 和 $K_{d\Omega}$。注意，在大信号检波条件下，二极管在输入高频振荡一个周期内的导通角 θ 仅与 $g_D R_{LD}$ 有关，而与输入波形无关，特别是满足 $g_D R_{LD} \geqslant 50$ 时，有 $\theta \approx \sqrt[3]{3\pi / g_D R_{LD}}$，电压传输系数近似为 $K_d \approx \cos\theta$，且有 $K_d = K_{d\Omega}$。

（2）输入电阻 R_i。

$$R_i \approx \frac{1}{2} R_{LD} \qquad\qquad (2-10)$$

（3）非线性失真。

惰性失真：表现为当检波器负载时间常数 $R_{LD}C$ 过大时将导致检波输出电压跟不上输入调幅波的包络变化。为避免惰性失真的产生，应满足

$$R_{LD}C \leqslant \frac{\sqrt{1-m^2}}{m\Omega_{max}} \qquad\qquad (2-11)$$

式中，Ω_{max} 为调制信号的最高角频率。

负峰切割失真：表现为由于检波器的交流负载电阻与直流负载电阻差异过大而导致检波器输出交流电压的负峰被削平。负峰切割失真与调制信号角频率 Ω 的大小无关。欲避免负峰切割失真出现，应满足

$$m_{max} \leqslant \frac{R_\Omega}{R_{LD}} \qquad\qquad (2-12)$$

式中，$R_\Omega = \dfrac{R_{LD} \cdot R_{LA}}{R_{LD} + R_{LA}}$；外接电阻 R_{LA} 为下级电路等效输入电阻。

三、实验电路说明

振幅调制与检波实验电路如图 2-4 所示。图中虚线左边为调幅器，利用模拟乘法器 MC1496 可产生普通调幅波或抑制载波的双边带调幅波；虚线右边是大信号峰值包络检波器，可进行普通调幅波的解调。为了避免图中并联 LC_0 回路 Q 值降低，采用了射极跟随器进行隔离。

图中 MC1496P 芯片管脚 1 和管脚 4 接 51 Ω 电阻到地、两个 75 Ω 电阻和 51 kΩ 电位器是用来调节输入馈通电压。调偏电位器 W_1 有意引入一个直流补偿电压，由于调制电压 u_Ω 与直流补偿电压相串联，相当于给调制信号 u_Ω 叠加了某一直流电压后与载波电压 u_c 相乘，从而完成普通调幅。如需要产生抑制载波双边带调幅波，则应仔细调节 W_1，使 MC1496P 输入端电路平衡。另外，调节电位器 W_1 也可改变调制系数 m。MC1496P 芯片管脚 2 和管脚 3 之间接有负反馈电阻 R_E（1 kΩ），用来扩展调制电压 u_Ω 的输入动态范围。载波电压 u_c 从管脚 8 输入。

图中，MC1496P 芯片输出端（管脚 6）接有一个由并联 LC_0 回路构成的带通滤波器，原因是考虑到当 u_c 幅值较大时，乘法器内部的双差分对管将处于开关工作状态，其输出信号中含有 $3\omega_c \pm \Omega$、$5\omega_c \pm \Omega$、$\cdots\cdots$ 等无用组合频率分量，为抑制无用分量和选出 $\omega_c \pm \Omega$ 分量，故不能用纯阻负载，只能使用选频网络，即 LC 回路。

在检波电路中，检波负载电容 C 可取 51 pF、0.01 μF、0.1 μF，交流负载电阻 R_{LA} 可取 10 kΩ、1 kΩ，分别用来研究检波器的正常工作情况和出现失真情况。如当电容 C 取值过小时，检波器输出的纹波较大；而当交流负载电阻 R_{LA} 较小时，将出现负峰切割失真。

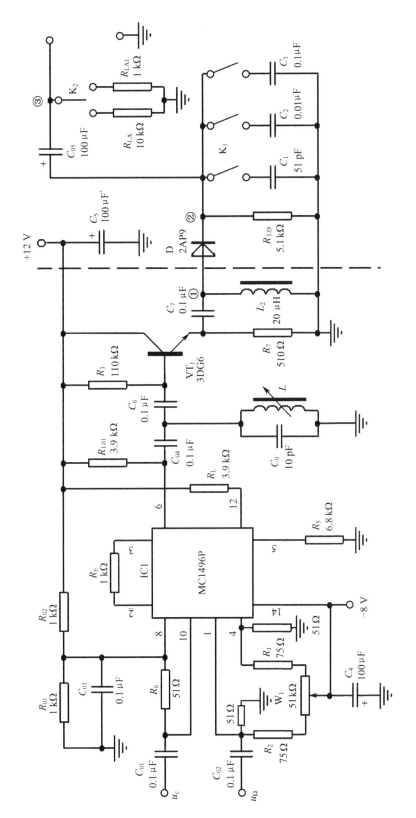

图 2-4 幅度调制及检波实验电路

四、实验仪器及设备

（1）双踪示波器　　　　　　SS－7804 型　　　　　　　1 台
（2）高频信号发生器　　　　　1055A 型或 TFG2030 型　　1 台
（3）低频信号发生器　　　　　SG－1026 型　　　　　　　1 台
（4）直流稳压电源　　　　　　WYJ－30F 型　　　　　　　1 台
（5）实验电路板　　　　　　　　　　　　　　　　　　　1 块

五、预习要求

（1）复习模拟乘法器工作原理、乘法器调幅及二极管包络检波原理。

（2）了解实验电路中各元件作用及高频信号发生器的使用方法。

（3）了解调制系数 m 和检波器电压传输系数 K_d 的意义及测量方法。由图 2－5 给出的示意波形图可得。

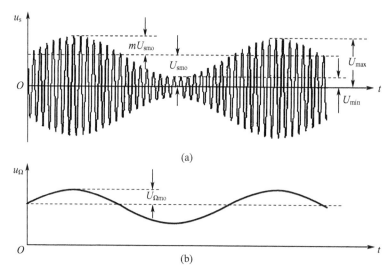

图 2－5　调幅信号波形及检波信号波形
（a）调幅信号波形；（b）检波信号波形

① 调制系数 m 为

$$m = \frac{U_{max} - U_{min}}{U_{max} + U_{min}} \qquad (2-13)$$

注意：从波形图上计算结果应得出 $m \leqslant 1$。

② 电压传输系数定义为

$$K_{d\Omega} = \frac{U_{\Omega m0}}{m U_{sm0}} \qquad (2-14)$$

注意：从波形图上计算结果应得出 $K_{d\Omega}(K_d) \leqslant 1$。

（4）若检波器输入调幅波的调制系数 $m = 0.5$，调制信号频率 $f_{max} = 10\ kHz$，$R_{LD} = 5.1\ k\Omega$，试问本实验中 C 大于多少时会出现惰性失真？

（5）根据实验电路中给定的元件参数，计算 MC1496P 的偏置电流 I_5。

（6）如果检波器直接连接到并联 LC_0 回路，如何正确测量检波器电压传输系数？

六、实验内容

（1）接通实验板电源，将 W_1 旋转到最右端或最左端，检波滤波电容为 0.01 μF。高频信号源作为载波信号，输出电压 $U_c = 15$ mV 左右，频率 $f_c = 10$ MHz，用低频信号源作调制信号，输出电压 $U_\Omega = 2$ V 左右，频率 $f = 1$ kHz，两信号接入实验板相应位置，观察普通调幅波①点的波形和检波器输出②点波形，计算出调制系数 m 值。

（2）改变低频信号源的输出幅值，观察并记录 $m < 1$、$m = 1$ 和 $m > 1$ 时的调幅波形。

（3）在高频信号源输出电压 $U_c = 15$ mV 左右，频率 $f_c = 10$ MHz，低频信号源频率 $f = 1$ kHz 不变，电容接 0.01 μF，不接负载电阻 R_{LA} 时，改变低频信号源的输出幅值，在 $m < 1$ 的情况下，测量 $m - U_{\Omega m}$ 曲线。

（4）保持上述条件不变，用示波器分别测量实验板上的①和②点，计算检波器电压传输系数 K_d。

（5）保持上述条件不变，调整 W_1，用示波器观察实验板上的①点波形变化，分析引起波形变化的原因，此时的波形叫什么调幅波。

（6）观察并记录不同的检波负载对检波器输出波形的影响。

① 当 $U_c = 15$ mV 左右，频率 $f_c = 10$ MHz，改变低频信号源的频率，当 $f = 1$ kHz 和 $f = 10$ kHz 时，保持 $m \approx 0.5$，将 W_1 恢复原来状态，选择不同的检波负载电容接入电路，观察并记录检波器输出②点的波形变化。分析产生波形变化原因。

② 当 $U_c = 15$ mV 左右，频率 $f_c = 10$ MHz，改变低频信号源的频率，当 $f = 1$ kHz 和 $f = 10$ kHz，保证 $m \approx 0.5$ 时，检波负载电容为 0.01 μF 时，观察并记录不同的外接负载电阻 R_{LA} 对检波器输出波形的影响。

七、实验报告要求

（1）整理各实验步骤所得数据和波形，绘制出 $m - U_{\Omega m}$ 调制特性曲线。

（2）分析各实验步骤所得结果。

（3）如果 $m = 0.5$、$R_{LD} = 5.1$ kΩ、$f = 1$ kHz，试估算一下本实验不产生惰性失真和负峰切割失真时，电路中电容 C 和电阻 R_{LA} 值应各为多少？

（4）实验心得体会。

实验三　集成混频器的实验研究

一、实验目的

（1）了解集成乘积混频器的工作原理及典型电路。
（2）了解本振电压幅值和模拟乘法器的偏置电流对混频增益的影响。
（3）学习利用直流负反馈改善集成混频器动态工作范围的方法。
（4）观察混频器寄生通道干扰现象。

二、实验原理

当本振电压 u_L 和信号电压 u_s 皆为小信号($U_{Lm} \ll 26$ mV,$U_{sm} \ll 26$ mV)时,模拟乘法器的输出电压可表示为[1][4]

$$u_0 \approx \frac{I_0 R_L}{4} \left(\frac{q}{kT} \right)^2 U_{Lm} U_{sm} [\cos(\omega_L - \omega_s)t + \cos(\omega_L + \omega_s)t] \qquad (2-15)$$

式中,R_L 为负载电阻;I_0 为恒流源电流。

当 u_L 为大信号、u_s 为小信号(U_{Lm} 约为 $100 \sim 200$ mV,$U_{sm} \ll 26$ mV)时,模拟乘法器的输出电压是多谐波的,可表示为[1][4]

$$u_0 \approx \frac{I_0 R_L}{2} \left(\frac{q}{kT} \right)^2 U_{Lm} U_{sm} \sum_{n=1}^{\infty} \left(\frac{\sin \frac{n\pi}{2}}{\frac{n\pi}{2}} \right) \cdot [\cos(\omega_L - \omega_s)t + \cos(\omega_L + \omega_s)t] \qquad (2-16)$$

其中最低的一组频率分量($n=1$)为

$$u_0 \approx 0.637 \frac{I_0 R_L}{2} \left(\frac{q}{kT} \right)^2 U_{Lm} U_{sm} [\cos(\omega_L - \omega_s)t + \cos(\omega_L + \omega_s)t] \qquad (2-17)$$

式中,相乘因子较 u_L 为小信号时增大。

由上述讨论可知,若模拟乘法器输出端接有带通滤波器,也就是说接有中频为 $\omega_1 = (\omega_L - \omega_s)$ 的滤波网络作为负载,可取出所需的差频分量来实现混频。乘积混频器的组成方框图如图 2-6 所示。不难看出,乘积混频原理与乘积调幅是类似的,只是将调制信号换成本振信号。从频率变换角度看,混频和调幅一样都是线性频率谱的搬移过程。

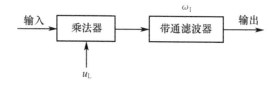

图 2-6　乘积混频器的组成方框图

三、实验电路说明

集成混频器的实验电路如图 2-7 所示。图中,晶体管 VT_1 与电容 C_1、C_2、C_3、C_4 及 L_1 构成改进型电容三点式振荡电路,作为本地振荡器。晶体管 VT_2 和 VT_3 分别构成两级射随器起缓冲隔离作用。本振电压 u_L 从 P_1 端口馈入,信号电压 u_s 从 P_2 端口馈入。中频滤波网络为 L_2、C_{13}、C_{14} 构成的并联回路。VT_4 为缓冲隔离级。

在图 2-7 所示实验电路中,中频回路调谐于 2 MHz,模拟乘法器及其外接元件的作用与前一个实验中的情况相似,只是 R_{w4} 代替了接在 MC1496P 管脚 2 和管脚 3 之间的固定反馈电阻 R_E。电位器 R_{w5} 用来调节乘法器的偏置电流 I_5。另外,图中的 P_4 端口是由中频回路副方输出的中频电压 u_I。

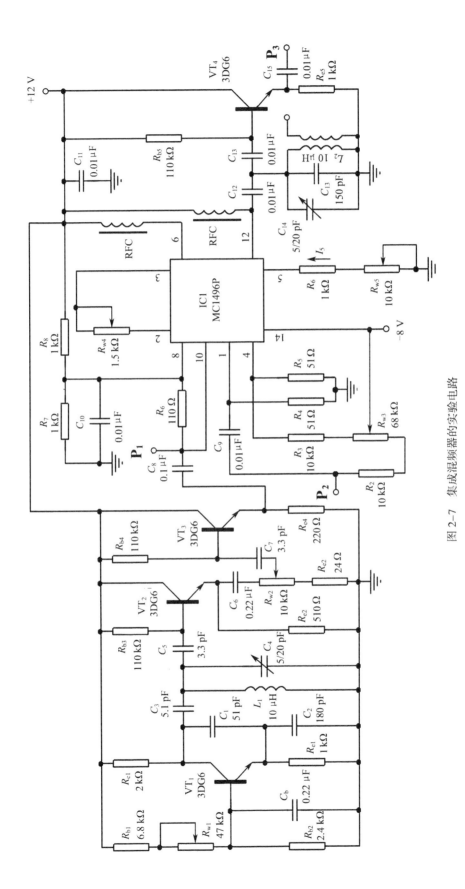

图 2-7　集成混频器的实验电路

27

四、实验仪器及设备

（1）双踪示波器	SS－7804 型		1 台
（2）高频信号发生器	1055A 型或 TFG2030 型		1 台
（3）直流稳压电源	WYJ－30F 型		1 台
（4）数字万用表	DT9202 型		1 块
（5）实验电路板			1 块

五、预习要求

（1）了解采用模拟乘法器实现混频的基本原理,熟悉实验电路及电路中各元件的作用。

（2）当输入高频信号幅值不变,而本振信号幅值由小到大变化时,输出中频信号幅值的变化规律是怎样的?

（3）当输入信号与本振信号幅值皆保持不变,只改变 R_{w5} 时,输出中频信号幅值的变化规律应是怎样的? 只改变 R_{w4} 时,输出中频信号幅值有何变化?

（4）某种原因导致中频回路的谐振频率值 f_1 与书中给出的数值不一样,如果仍按书中给定的信号频率值 f_s 加入高频信号,将会出现什么现象? 怎样解决?

（5）实验中可以任意改动中频回路参数吗? 为什么?

六、实验内容

1. 测量 $U_{Im} \sim U_{Lm}$ 关系曲线

（1）接通实验板电源,用示波器测量 P_1 点,调整 W_2 使其输出一个不失真的、振荡频率为 10 MHz、幅值 $U_{Lm} < 1$ V 的本振信号电压。

（2）高频信号源输出信号频率 $f_s = 8$ MHz,输出电压幅值 $U_s \approx 15$ mV,将此信号作为混频器输入 u_s,记录中频调谐输出电压 U_{Im} 的频率、幅值及波形。

（3）令 $R_{w4} \approx 0$,调节 R_{w5} 使 $I_5 = 1$ mA(用万用表电压挡测量 R_6 两端的电压,计算出 I_5),然后调节 R_{w2} 改变 U_{Lm} 大小,测量 $U_{Im} - U_{Lm}$ 关系曲线。

2. 测量 $U_{Im} \sim I_5$ 关系曲线

保持上述信号源频率 U_s 不变。令本振信号幅值 $U_{Lm} = 500$ mV,保持 $R_{w4} \approx 0$,调节 R_{w5} 改变 I_5(用万用表电压挡测量 $R_6 = 1$ kΩ 两端的电压,计算出 I_5),测量 $U_{Im} - I_5$ 关系曲线。

（1）观察串联电流负反馈电阻 R_{w4} 对输出中频信号幅值的影响。

保持本振幅值 $u_L = 500$ mV,$R_{w4} \approx 0$ 不变,输入一个调幅波,调幅波的载频为 $f_s = 8$ MHz,调制信号频率为 $f = 1$ kHz,调制度为 $m = 40\%$,乘法器偏置电流 $I_5 \approx 0.6$ mA。

（2）令 $R_{w4} \approx 0$,调节高频信号源输出电压幅值 U_{sm} 的大小,使之逐步加大到中频电压波形开始出现明显失真为止,记下此时的 U_{sm0} 和 U_{Im0} 大小(U_{sm0} 可直接从高频信号发生器读取,U_{Im0} 可利用示波器来测量)。

（3）令 $R_{w4} > 0$,重复上述步骤(1),记下此时的 U_{sm0} 和 U_{Im0} 大小,并与 $R_{w4} \approx 0$ 时测量的结果进行比较。

3. 观察混频器中干扰信号的分布情况

用高频信号源输入一个等幅波,且 $U_s \approx 15$ mV,本振 $U_{Lm} = 500$ mV,保持 $I_5 = 1$ mA,在

6.5~30 MHz范围内改变高频信号源的输出频率,观察并记录哪些频率点上有明显的中频信号出现,分析出有哪些干扰信号。

七、实验报告要求

（1）整理各项实验所得数据和波形,绘制混频增益随U_{Lm}和I_5变化的关系曲线。

（2）根据实验步骤3所得结果,说明R_{w4}的作用。

（3）根据测得的干扰频率,说明它们分别属于混频过程中的哪种类型的干扰?

（4）试回答下列问题:

① 实验电路中的发射极跟随器VT_3、VT_4能否不用? 为什么?

② 在本实验条件下,混频器寄生通道干扰频率有哪些?

③ 集成混频器有何优缺点?

（5）有何心得体会及对实验的改进建议?

实验四 相位鉴频器的实验研究

一、实验目的

（1）了解乘积型相位鉴频器的工作原理、电路结构和性能特点。

（2）学习鉴频特性的测量方法。

（3）观察移相网络参数变化对鉴相特性的影响。

二、实验原理

鉴频器是用来对调频波进行解调的电路。各类鉴频器中应用较为广泛的是相位鉴频器,其工作原理是先将调频波经过一个线性移相网络变成调频调相波,然后再与原来的调频波一起加到相位检波器上,即可将原输入调频波中的调制信号解调出来。乘积型相位鉴频器的组成框图如图2-8所示。

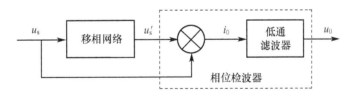

图2-8 乘积型相位鉴频器组成框图

设输入调频波为

$$u_s = U_{sm}\cos(\omega_s t + m_f \sin\Omega t) \tag{2-18}$$

u_s经线性移相网络移相后变为

$$u'_s = U'_{sm}\cos\left\{\omega_s t + m_f\sin\Omega t + \left[\frac{\pi}{2} + \phi(\omega)\right]\right\}$$

$$= U''_{sm}\sin\left[\omega_s t + m_f\sin\Omega t + \phi(\omega)\right] \tag{2-19}$$

式中,$\phi(\omega)$ 为线性移相网络的相频特性。

引入固定的 $\pi/2$ 相移可得到"零相位原点零电压"输出。当 u_s 和 u'_s 同时加到乘法器输入端时,乘法器输出电流为

$$i_0 = KU_{sm}U'_{sm}\cos[\omega_s t + m_f\sin\Omega t] \cdot \sin[\omega_s t + m_f\sin\Omega t + \phi(\omega)]$$

$$= \frac{1}{2}KU_{sm}U'_{sm}\sin\phi(\omega) + \frac{1}{2}KU_{sm}U'_{sm}\sin[2(\omega_s t + m_f\sin\Omega t) + \phi(\omega)] \quad (2-20)$$

经低通滤波器后,式(2-20)中的高频分量被滤除,从而得到鉴频器输出电压为

$$u_0 = \frac{1}{2}KU_{sm}U'_{sm}R_L\sin\phi(\omega) \quad (2-21)$$

式中,K 为乘法器的乘积系数;R_L 为低通滤波器带内负载电阻。

当 $\phi(\omega) \leqslant 0.4$ rad 时,$\sin\phi(\omega) \approx \phi(\omega)$。可见,只要相频特性 $\phi(\omega)$ 在调频波频偏范围内是线性的,则 $\phi(\omega)$ 就能反映调频波瞬时频率的变化规律,且有

$$u_0 \propto \phi(\omega)$$

从而实现了线性鉴频。

鉴频器的主要性能指标有:

(1)鉴频灵敏度 S_d,即鉴频特性($u_0 \sim f$ 曲线)在中心频率处的斜率。

(2)线性鉴频范围 $2\Delta f_{max}$,即鉴频器不失真解调的最大频率范围,通常可从鉴频特性 $u_0 - f$ 曲线求得。

三、实验电路说明

乘积型相位鉴频器的实验电路如图 2-9 所示,该电路由发射极跟随器、线性移相网络、单片集成模拟乘法器、单位增益放大器和低通滤波器等环节构成。所用器件型号为:晶体管为 3DG6,乘法器为 MC1496P,运算放大器为 μA741。

单位增益放大器一方面用来对模拟乘法器输出失调调零,另一方面用来将乘法器从双端输出转换成单端输出。

移相网络由 C_3、C_4、C_5 和 L 组成,接在乘法器芯片管脚 8 和管脚 10 之间的电阻 R_5(或 R_6)可视为并联在网络(谐振回路)上的阻尼电阻,其阻值影响回路的 Q 值,从而影响到相频特性的斜率,改变 R_5 可调整鉴频特性。

四、实验仪器及设备

(1)高频信号发生器　　　　1055A 型或 TFG2030 型　　　1 台
(2)频率特性测试仪　　　　BT-3D 型　　　　　　　　　1 台
(3)双踪示波器　　　　　　SS-7804 型　　　　　　　　1 台
(4)直流稳压电源　　　　　WYJ-30F 型　　　　　　　　1 台
(5)实验电路板　　　　　　　　　　　　　　　　　　　1 块

五、预习要求

(1)复习乘积型相位鉴频器的工作原理及电路组成。

(2)了解实验电路中各元件的作用,熟悉各项实验步骤中的要求。

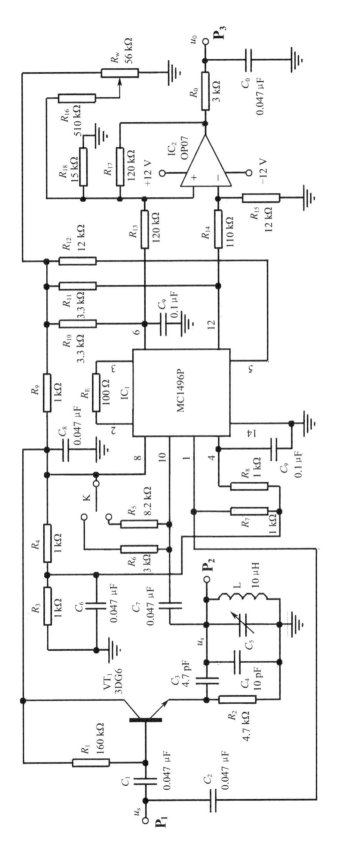

图 2-9 乘积型相位鉴频器的实验电路

（3）了解电子管电压表及频率特性测试仪（扫频仪）的使用方法。

（4）设 $C_5 = 3 \sim 10$ pF 变化，计算实验电路中的频率 – 相位变换网络适用的中心频率范围。

六、实验内容

1. 用 BT – 3 型频率特性测试仪（扫频仪）观察测试鉴频特性曲线

接通实验板电源，将 BT – 3 的输出扫频信号（RF 输出电缆）连接到鉴频器的输入 U_s 端，再将 BT – 3 输入电缆连接到实验板鉴频器输出端③点上。这样，鉴频器就输入等幅的扫频（线性调频）信号。由于实验板上鉴频器本身具有的检波作用，BT – 3 输入电缆可不使用检波头，而要观察没有检波作用电路（如滤波器）的幅频特性时，则需加上检波头。

使用 BT – 3 测量本实验电路鉴频特性时，调节 BT – 3 的扫频中心频率，使扫频仪屏幕（横轴为频率轴）中心位置为 8 MHz 左右（利用 BT – 3 频标确定），再分别调节其"输出衰减"、"频率偏移"、"Y 轴增益"等有关旋钮，可在屏幕上显示出实验电路的鉴频特性曲线。

（1）描绘出屏幕上的曲线形状，利用 1 MHz 频标粗测鉴频器的中心频率 f_0 和线性鉴频范围（鉴频带宽）。

（2）改变开关 K_1 的状态，用 R_6 代替 R_5，重测鉴频特性曲线，并与（1）中的分析比较有何不同。

2. 用逐点描迹法测绘乘积型相位鉴频器的静态鉴频特性（$u_0 - f$ 曲线）

（1）用高频信号发生器作信号源，输出幅值 $U_s > 50$ mV 的载波电压，加到鉴频器输入端；将鉴频器输出端（P_3 点）接到示波器的一个输入端（示波器选用 DC 挡，以 X 轴中心为零点），将实验板开关 K_1 与 R_5 相连接，使之与 MC1496P 的管脚 8 连接。

（2）调节信号源输出频率 f_s 与扫频仪测出的中心频率 f_0 相等，这时示波器的显示在中间零点位置附近，若示波器显示未归零，可调节实验电路中电位器 R_w，使示波器归到零点位置，调节信号源频率 f_s 在附近变化时，可从示波器上看到扫描线在零点附近对称上下摆动，若不对称，重新调整 R_w，直至完全对称。这表明选择的信号源频率 f_s 已经与移相网络的回路中心频率相吻合。当调节信号源频率某一数值时，示波器归到零点位置，记下此时信号源的准确频率值 f_0。于是，可以开始逐点测量鉴频特性曲线（完整 S 特性曲线不得少于 12 个点）。

（3）将实验板开关 K_1 与 R_6 相连接，按（2）重新绘制鉴频特性曲线，两条曲线对比有何不同，为什么？

3. 观察调频信号解调的电压波形

高频信号发生器输出一个 1 kHz 调频波，频偏适度、载频幅值 U_s 不变，输出端连到鉴频器输入端，改变信号源载波频率，用示波器观察鉴频器输出 P_3 点电压波形，解释 P_3 点电压幅值为什么会发生变化。

七、实验报告要求

（1）整理各项实验所得数据，绘制有关曲线和波形。

（2）由逐点描迹法测得的鉴频特性曲线计算鉴频灵敏度 S_d 和鉴频带宽 $2\Delta f_{max}$，并与直接测量的结果进行比较。

（3）试回答下列问题：

① 实验电路中电容 C_3 取值为什么很小？如取值过大，会出现什么现象？

② 对所测鉴频特性曲线的形状作出一定的解释。

（4）分析讨论各项实验结果。

（5）提出改进本实验的建议。

实验五　锁相环路的实验研究

一、实验目的

（1）通过实验深入了解锁相环的工作原理和特点。

（2）初步掌握锁相环主要参数的测试方法。

二、实验原理

1. 锁相环路的工作原理

锁相环路主要由鉴相器（PD）、环路滤波器（LF）及压控振荡器（VCO）三个基本部件组成，它是一种相位负反馈自动调节系统，允许用外部参考信号去控制环路内部振荡器的频率和相位。如果环路输入信号频率 f_i 与 VCO 输出信号频率 f_0 之间的起始频差不太大，鉴相器会输出一个误差电压 u_d，它与环路输入电压 u_s 和输出电压 u_0 之间的相位差 θ_e 有关，经环路滤波器后，u_d 中的高频分量被基本滤除，环路滤波器输出一个真正反映相位差 θ_e 变化的低频分量 U_c，VCO 在 U_c 的控制下，其振荡频率发生变化，并且向着减小环路相位差的方向变化。当环路锁定后，u_s 和 u_0 之间不存在频差，只存在一个固定的稳态相位差。

锁相环路对信号相位的传递具有低通滤波特性，其通带与环路滤波器参数有关。环路滤波器的带宽直接影响环路的捕捉性能。可以说，锁相环的设计很大程度上取决于环路滤波器的合理设计。锁相环路各部件的传递函数分别为

$$\text{PD}: u_d(t) = K_d \sin\theta_e(t) \qquad (2-22)$$

$$u_c(t) = F(s) \cdot u_d(t) \qquad (2-23)$$

$$\text{LF}: \theta_e(t) = \theta_i(t) - \theta_0(t) \qquad (2-24)$$

$$\text{VCO}: \theta_0(t) = K_0 \int_0^t u_c(t)\,dt \qquad (2-25)$$

上述公式中，K_d 为鉴相灵敏度（v/rad），K_0 为 VCO 压控灵敏度（rad/s·v）。可以看出，式（2-22）和式（2-23）反映出相位误差电压与环路相位差有关；式（2-24）反映出 VCO 控制电压与误差电压和环路滤波器传递特性有关；式（2-25）则反映出控制电压随时间的积累，对 VCO 输出相位进行的调节控制。

2. 锁相环路主要性能参数及指标的测量

在设计锁相环路，特别是根据特定需要设计合理的环路滤波器元件参数前，应该事先知道环路另外两个部件的基本参数，即 PD 的鉴相灵敏度 K_d（v/rad）和 VCO 的压控灵敏度 K_0（rad/s·v）。

通常，选定鉴相器类型后，其鉴相特性就确定了。对于数字式鉴相器（包括门电路或触发

器型鉴相器),只要知道数字器件的高电平值,其 K_d 大小就确定了,但当使用模拟乘积型鉴相器时,鉴相灵敏度的准确值就需要通过测量得到,但实际测量起来比较困难,故本实验不做测量要求。压控灵敏度 K_0 是 VCO 的重要性能指标之一,压控特性曲线($\omega_0 - u_c$)不可能是直线,K_0 实际上是这条曲线的平均斜率,不同类型的 VCO 都会有各自的压控灵敏度,这就需要设计前进行实际测量。所以说,掌握 K_d 和 K_0 的基本测量方法,常常是设计和调试锁相环电路的基本要求。

(1)VCO 压控灵敏度的测量。

VCO 压控灵敏度的定义为

$$K_0 = \frac{\Delta f_0}{\Delta U_c} \quad (\mathrm{Hz/V}) \tag{2 - 26}$$

或

$$K_0 = \frac{\Delta \omega_0}{\Delta U_c} \quad (\mathrm{rad/s \cdot v}) \tag{2 - 27}$$

式中,U_c 为控制电压的单位变化量,对应引起的 VCO 振荡频率变化量为 Δf_0,实际上,压控灵敏度是压控特性曲线的斜率。

如果环路工作过程中 VCO 频率运用范围较大(如频率合成器),则 K_0 可取压控特性曲线的平均斜率;如果环路仅作为点频提取,则 K_0 应选择工作频率处的压控特性曲线近似斜率。VCO 压控灵敏度的测量组成框图如图 2 – 10 所示。

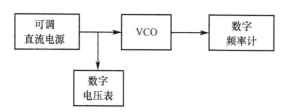

图 2 – 10　VCO 压控灵敏度的测量组成框图

(2)环路同步带 Δf_H 与捕捉带 Δf_p 的测量。

同步带是指环路有能力维持锁定的最大起始频差。捕捉带是指环路起始于失锁状态,最终有能力自行锁定的最大起始频差。根据上述两个性能参数的定义,可通过实验方法进行某一锁相环路的同步带和捕捉带的测量。实验测量中首先遇到的问题是,用什么实验手段,或者说通过什么实验现象来判断环路处于锁定还是失锁状态。最简单的实验方法之一就是用双踪示波器的两路探头分别接在鉴相器的两个输入端,并以任意一路信号作为示波器触发信号,当环路锁定时,两个鉴相信号频率严格相等(即无稳态频差),此时可在示波器屏幕上看到两个清晰稳定的信号波形;若环路失锁,则两个鉴相信号间必定存在频差,则此时不可能在示波器屏幕上看到两个清晰稳定的信号波形(其中一路波形混乱或滑动)。通过这种简单的实验方法,就可以迅速判断环路的工作状态,从而也能很快测量出环路的同步带和捕捉带。

同步带和捕捉带的测量组成框图如图 2 – 11 所示。具体测试方法为:

① 同步带测量:按照图 2 – 11 接好测量电路,首先调节信号源输出频率(锁相环输入频率 f_i),使环路处于良好的锁定状态,即示波器上 u_i 和 u_0 波形不但清晰稳定,而且要尽可能保持很小的相位差。然后,向下缓慢调节 f_i,直到刚好出现失锁现象时停止调节 f_i,记下此刻的信

号源输出频率值 f_{ia}，向上调节 f_i 使环路重新锁定；直到再次刚好出现失锁现象时停止调节 f_i，记下此刻的信号源输出频率值 f_{ib}，则环路的同步带 $\Delta f_H = f_{ia} - f_{ib}$。

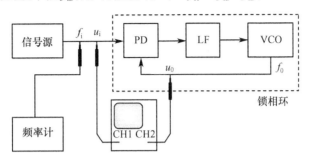

图 2 - 11   同步带和捕捉带的测量组成框图

② 捕捉带测量：下调 f_i 使环路首先处于失锁状态，向上缓慢调节 f_i 直到环路刚好入锁，记下此刻的信号源输出频率值 f_{ic}；然后向上调节 f_i 使环路重新严重失锁后，再缓慢下调 f_i 直至环路刚好入锁，记下此刻的信号源输出频率值 f_{id}，则捕捉带 $\Delta f_p = f_{id} - f_{ic}$。

比较测得的同步带和捕捉带数值，有 $\Delta f_H > \Delta f_p$。

实验时还可以在同步带范围内，观察与研究 u_i 和 u_0 之间的稳态相位差。如果保持 f_0 跟踪 f_i 时，当调节 f_i 时，在示波器上可观察相位角 θ_e 在 30° ~ 180° 之间变动，它在一定程度上反映了乘积鉴相器的线性鉴相范围。请自行思考为何有这样的结果？

三、实验电路说明

本实验的实验电路如图 2 - 12 所示。

图 2 - 12 中，双平衡模拟乘法器 MC1496P 及外围元件构成 + 12 V 单电源的乘积型鉴相器，环路的外信号输入（也是鉴相器的一个输入端）端子为 P_1，在端子 P_1 和 P_2 之间接有 1 kΩ 的电阻，使端子 P_2 可作为通常为低输入阻抗的数字频率计测量输入信号频率使用；MC1496P 的管脚 6 为鉴相器的输出端，R_{12}、R_{13}、C_6 组成无源比例积分器形式的环路滤波器，其输出观测端子为 P_3；环路中的 VCO 为电容三点式振荡器，振荡回路接有变容二极管 C_j，当 K_1 接至端子 P_3 处，该电压发生变化时，振荡器频率将发生变化，从而完成压控振荡频率的功能，VT_2 和 VT_3 两级电路为 VCO 的缓冲输出电路，并闭环反馈到鉴相器的另一个输入端。

在上述实验电路中，当 C_1 和 C_2 较大、C_3 和 C_j 较小时，VCO 的自然振荡频率将主要由 C_3 和 C_j 确定，振荡频率近似为

$$f_0 \approx \frac{1}{2\pi \sqrt{L(C_3 + C_j)}} \qquad (2 - 28)$$

实验电路图中的 VCO 为西勒电路，反馈电容 $C_1 = 1\,000$ pF、$C_2 = 1\,200$ pF，可通过对 R_{16} 的调整，使 C_j 有合适的反偏，使 VCO 的自然振荡频率为 700 kHz 左右。

实验测量时，来自信号源的正弦输入信号 u_s 从端子 P_1 加入，信号幅值可由高频信号源的旋钮调节，示波器的两路探头可分别接在端子 P_1 和端子 P_5 上。闭环时，将电路板上 K_1 与 P_3 短接，K_2 接地（实验中 K_2 始终接地不变，只用于检查电路时使用）。

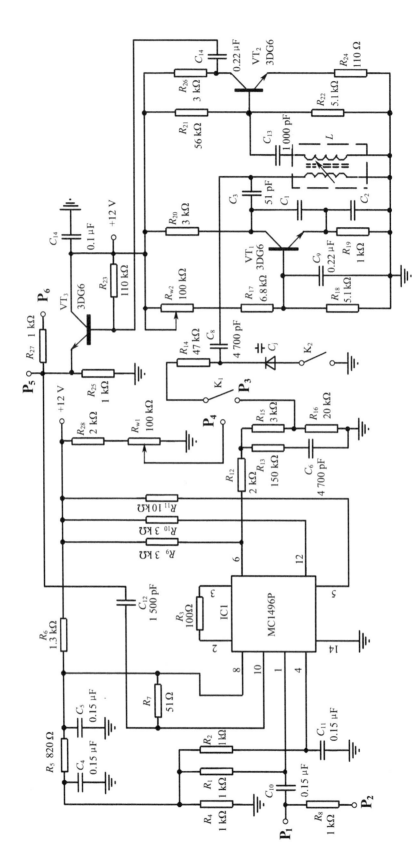

图 2-12 锁相环实验电路

四、实验仪器及设备

（1）高频信号发生器	1055A 型或 SG1040 信号源	1 台
（2）直流稳压电源	WYJ – 30F 型	1 台
（3）双踪示波器	SS – 7804 型	1 台
（4）实验电路板		1 块

五、预习要求

（1）熟悉实验电路及锁相环工作原理,掌握环路主要部件、环路性能参数的测量方法。

（2）在环路频率牵引过程中,鉴相器输出何种电压波形?

（3）如何用示波器的一路探头判断环路是否处于锁定状态?

（4）为什么同步带比捕捉带宽?

六、实验内容

1. 压控振荡器压控灵敏度的测量

将开关 K_1 与 P_4 端相连接,调整 R_{w1},用示波器的其中一路 DC 挡观察 P_4 端的电压,使其变容管 C_j 的反偏电压在 0 ~ 10 V 内变化。用另一路 AC 挡监测 P_5 端压控振荡器的输出波形,同时观察示波器上 VCO 振荡频率的变化。采用逐点描迹法测量,至少应有 10 个以上测量点,描绘出压控特性曲线并计算出压控灵敏度 K_0。

2. 同步带和捕捉带的测量

将开关 K_1 与 P_3 端相连,在 P_1 点输入一个幅值 $U_{sm} > 200$ mV 的电压,频率取 700 kHz 左右,将双踪示波器两路探头分别接在 P_1 和 P_5 端,按照前边实验原理部分关于 Δf_H 和 Δf_P 的测量方法进行测量。记录 f_{ia}、f_{ib}、f_{ic} 和 f_{id} 的值。测出同步带和捕捉带的频率范围。

3. 观察频率牵引时环路滤波器输出的过渡变化波形

保持上述条件不变,保持环路起始频差 $\Delta f_0 = f_i - f_0$ 较小的工作状态,以保证此时环路能处于频率牵引工作状态。双踪示波器探头分别接在 P_1 和 P_3 端,示波器扫描时间(速度)旋钮置于 0.1 ms/cm 左右,观察并记录 P_3 端(环路滤波器输出)正弦波形到直流电压的过渡变化过程(正弦波→叶形波→直流)。

4. 观察频率牵引过程中 VCO 输出的调频波形

条件同上。示波器探头接在 P_5 端上,示波器扫描时间(速度)旋钮置于 0.5 μs/cm 左右,观察并记录 P_5 端(VCO 输出)瞬时电压变化的基本趋势,并示意性绘制该电压的时域波形。

5. 环路锁定时,观察 u_i 与 u_0 之间的稳态相位差

在(2)的基础上,即在同步带范围内,按实验原理中有关说明,测量并记录稳态相位差 θ_{e0} 的值。

6. 在同步带范围内,测量控制电压的电压值

首先用示波器测量 P_3 端的电压值,分析能否用数字万用表精确测量 P_3 端的电压值,试分析其原因(选做)。

七、实验报告要求

（1）整理实验所得数据、曲线和波形，分析实验结果，写出实验报告。

（2）简要回答下列问题：

① 分析本实验电路中主要影响 VCO 压控灵敏度的因素。

② 为什么环路的同步带大于捕捉带？

提示：对无源二阶环路滤波器来说，通常同步带 $\Delta f_{\text{H}} = K_0 K_{\text{d}} f(0)$，而捕捉带 Δf_{p} 则与 $K_0 K_{\text{d}} f(s)$ 有关，这时的 $f(s)$ 值不是零频点处 $f(0)$。

③ 依据实验内容第 3 步所得过渡波形，解释锁相环频率牵引的物理过程。

（3）实验心得体会。

实验六　变容二极管调频实验的研究

一、实验目的

（1）了解变容二极管直接调频的工作原理、电路组成及各元器件的作用。

（2）学习用替代法测量变容二极管的 $f_{\text{j}} - U$ 的特性方法。

（3）学习静态频率调制特性和调制灵敏度的测量方法。

（4）观察变容二极管静态工作点的选择对调制线性动态范围的影响，以及调制信号的加入对调频中心频率的影响。

二、实验原理

调频就是用欲传递的信息（低频信号）去控制高频载波的频率，使其与调制信号的大小成正比例变化。

设低频调制信号

$$u_{\Omega} = U_{\Omega\text{m}}\cos\Omega t \tag{2-29}$$

高频载波信号

$$u_{\text{c}} = U_{\text{cm}}\cos\omega_{\text{c}} t \tag{2-30}$$

因此，调制信号的瞬时角频率为

$$\omega(t) = \omega_{\text{c}} + K_{\text{f}} U_{\Omega\text{m}}\cos\Omega t \tag{2-31}$$

瞬时相位为

$$\theta(t) = \int_0^t \omega(t)\,\mathrm{d}t = \omega_{\text{c}} t + \frac{K_{\text{f}} U_{\Omega\text{m}}}{\Omega}\sin\Omega t \tag{2-32}$$

因此，可得到调频波的数学表达式为

$$u = U_{\text{m}}\cos\left(\omega_{\text{c}} t + \frac{K_{\text{f}} U_{\Omega\text{m}}}{\Omega}\sin\omega t\right) = U_{\text{m}}\cos(\omega_{\text{c}} t + m_{\text{f}}\sin\Omega t)$$

$$= U_{\text{m}}\cos\left(\omega_{\text{c}} t + \frac{\Delta\omega_{\text{mt}}}{\Omega}\sin\Omega t\right) \tag{2-33}$$

式中，$\Delta\omega_{\text{mt}} = K_{\text{f}} U_{\Omega\text{m}}$ 为调频波的最大角频偏；$m_{\text{f}} = \dfrac{\Delta\omega_{\text{mt}}}{\Omega}$ 为调频波的调频指数，即最大相位偏移。

由 *LC* 振荡器振荡频率公式

$$f = \frac{1}{2\pi} \sqrt{\frac{1}{LC}}$$ （2-34）

可知,若能使得振荡回路的 *L* 或 *C* 受调制信号控制而变化,则振荡器频率就会受低频调制信号控制而产生变化。只要 *L* 或 *C* 与 u_Ω^{-2} 成正比,则 *f* 就会与 u_Ω 成正比。从而实现线性调频。

常用的调频方法之一,是将一个受调制信号控制的反偏变容二极管接入振荡回路,替代回路中的振荡电容 *C*,利用变容二极管在反相电压偏置时,结电容随外加电压变化而变化的特性,改变振荡频率,实现调频。

变容二极管结电容的电压控制特性曲线简称 $C_j - u$ 曲线。曲线如图 2-13 所示。

变容二极管结电容与外加电压的关系为

$$C_j = \frac{C_{j0}}{\left(1 - \dfrac{u}{V_D}\right)^\gamma}$$ （2-35）

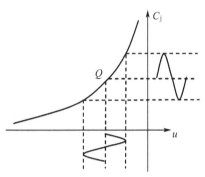

式中,C_{j0} 是变容管在 $u = 0$ 时的结电容;V_D 是变容二极管的 PN 结内建电位差;u 是外加电压,包括静态工作点反向偏置电压 U_Q 和低频信号调制电压 u_Ω,即 $u = U_Q + u_\Omega$;γ 是电容变化系数。

图 2-13　变容二极管结电容变换曲线

当变容二极管全部接入电路后,振荡频率可表示为

$$f = f_c(1 - m_c \cos\Omega t)^{\gamma/2}$$ （2-36）

式中,m_c 为结电容调制度,且 $m_c = \dfrac{U_{\Omega m}}{V_D - U_\Omega}$。

由式(2-36)可知,只有当 $\gamma = 2$ 时,才能实现线性调频。在 $\gamma \neq 2$ 时调频过程将出现非线性失真。若 $U_{\Omega m}$ 较小,且 U_Q 合适的话,调频非线性失真也较小。

一般对调频电路性能的要求有:调频线性、最大频偏、调制灵敏度及中心频率稳定度等。前三项可由静态频率调制特性 $f_j - U$（*U* 为变容二极管的偏压）曲线估测出来。接下来简单介绍变容二极管 $C_j - U$ 特性和频率调制灵敏度的测量方法。

（1）用替代法测量 $C_j - U$ 特性。

断开 K_1 开关,先不加变容二极管和偏置电路(如图 2-14 中虚线所示),测量电容反馈式 *LC* 振荡器的振荡频率 f_0,有

$$f_0 = \frac{1}{2\pi \sqrt{L(C_3 + C_4)}}$$ （2-37）

然后,闭合 K_1 开关,测量此时的频率 f_k,有

$$f_k = \frac{1}{2\pi \sqrt{L(C_0 + C_j)}}$$ （2-38）

式中,$C_0 = C_3 + C_4$;C_j 为变容二极管电容。由式(2-37)和式(2-38)可得

$$\frac{f_0^2}{f_k^2} = \frac{C_0 + C_j}{C_0}$$

由上式可求出

$$C_j = \frac{f_0^2 - f_k^2}{f_k^2} C_0 \approx \frac{2(f_0 - f_k)}{f_k} C_0 \qquad (2-39)$$

改变 R_{w2},可测出不同的 f_k,根据上述公式,即可计算出相应的 C_j,从而得出变容二极管的 $C_j - U$ 特性曲线。

(2)频率调制灵敏度 S_f 的估测。

调制灵敏度就是指单位调制电压引起的频偏,若调制电路工作在线性调制状态,则调制灵敏度为

$$S_f = \frac{|\Delta f|}{U_{\Omega m}}$$

根据 $f_k = \dfrac{1}{2\pi \sqrt{L(C_0 + C_j)}}$ 可知当变容二极管电容 C_j 变化时,频率变化量为

$$\Delta f = -\frac{f_0 \Delta C}{2C_0} \qquad (2-40)$$

当变容二极管工作在线性静态工作点时, $C_j - U$ 特性斜率为

$$S_0 = \frac{\Delta C}{\Delta U} \qquad (2-41)$$

因此 $$\Delta C = S_0 \Delta U$$

用调制信号幅值 $U_{\Omega m}$ 代替 ΔU,则

$$\Delta C = S_0 U_{\Omega m} \qquad (2-42)$$

将式(2-42)代入式(2-40),则

$$\Delta f = -\frac{f_0}{2C_0} S_0 U_{\Omega m} \qquad (2-43)$$

因此,根据调制灵敏度的定义有

$$S_f = \frac{1}{2C_0} f_0 S_0 \qquad (2-44)$$

由式(2-39)可得出

$$C_0 = \frac{f_k}{2(f_0 - f_k)} C_j$$

将上式代入式(2-44)可得

$$S_f = \frac{f_0 S_0}{2} \cdot \frac{2(f_0 - f_k)}{f_0 C_j} = \frac{(f_0 - f_k)}{C_j} S_0 \qquad (2-45)$$

式中, f_0、f_k 可从示波器中直接读出; C_j 为变容二极管在静态工作点反向偏值电压 U_Q 时的值, S_0 由变容二极管 $f_j - U$ 特性曲线上 U_Q 处的斜率求得。因此,可从式(2-45)中得出频率调制灵敏度。

三、实验电路说明

图 2-14 所示是以电容反馈 LC 高频振荡器为基础的频率调制电路,虚线方框内是变容二极管及其偏置电路。基本振荡电路与实验一基本相同。虚线方框内 R_4、R_{w2} 和 R_6 构成变容二极管的直流偏置电路,改变 R_{w2} 可得到不同的偏置电压 U_i, R_5 为隔离电阻,用以减小偏置电路与外界测量仪表的内阻对变容二极管振荡电路的影响。低频调制信号通过电容 C_7 和高频扼

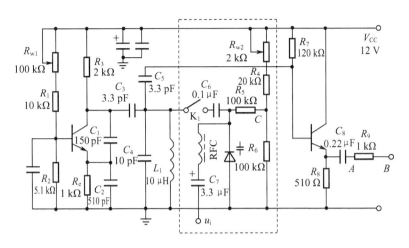

图 2 – 14   变容二极管直接调频电路原理图

流圈加到变容二极管上,高频扼流圈对低频调制信号是低阻抗,对载频信号呈高阻抗。

四、实验仪器及设备

(1) 信号发生器   1026 型或 SG1040 型信号源   1 台
(2) 直流稳压电源   WYJ – 30F 型   1 台
(3) 双踪示波器   SS – 7804 型   1 台
(4) 实验电路板   1 块

五、预习要求

(1) 复习变容二极管频率调制电路的工作原理及性能特点。
(2) 根据变容二极管 f_j – U 特性测量法,列出表格,绘出特性曲线。
(3) 为获得较好的线性调制频率,你认为应如何选择变容二极管的静态工作点?

六、实验内容

1. f_j ~ U 特性、静态频率特性和调制灵敏度的测量

(1) 断开 K_1,接通电源,调整 R_{w1},使振荡电路正常工作,用示波器观察 A 点具有一定幅值的不失真正弦波形,且记录示波器上的频率。

(2) 闭合 K_1,调整 R_{w2},用示波器的其中一路测量 C 点直流电压,令其电压 U 在 2 ~ 9 V 变化,另一路测量 A 点(或用频率计测量 B 点),并记录与电压 U 相对应各点频率。绘出静态频率调制特性 f_j – U。用式(2 – 39)计算出各点变容二极管的电容,绘出 C_j – U 特性曲线。

(3) 由所测得的 C_j – U 曲线上,计算出 U_Q = – 4.5 V 时的斜率 S_0,再按式(2 – 45)计算出频率调制灵敏度。

2. 观察调频波的波形

闭合 K_1,调整 R_{w2},使其 C 点直流电压 U_Q = – 4.5 V,由 u_i 端加入适当幅值的调制信号电压,其频率可在几十赫兹到 1 kHz 变化,用示波器观察 A 点的输出调制波形。

3. 观察调制信号电压幅度对调频波中心频率的影响

(1) 令调制信号输出电压 $u_{\Omega m} \approx 0$,用示波器观察 A 点输出波形,并记录此时的振荡频率。

（2）令调制信号频率f＝800 Hz，幅值$U_{\Omega m}$由小到大时，用示波器观察A点输出频率变化趋势。

七、实验报告要求

（1）整理各项实验内容所要求的实验数据。

（2）绘制出静态频率调制特性f_j – U曲线及变容二极管C_j – U特性曲线，计算出调制灵敏度S_f。

（3）分析各项实验的结果，由上述实验结果得出相应结论。

（4）你能否举出几个与本实验不同的测量S_f的方法。

（5）写出本次实验的心得体会，提出你对本次实验的改进意见。

实验七 高频功率放大电路的制作

一、实验目的

（1）初步掌握高频功率放大电路的设计过程。

（2）熟悉谐振功率放大器的三种工作状态及调整方法。

二、实验原理

1. 谐振功率放大器工作原理

谐振功率放大器的主要性能指标是在给定负载上，以较高的效率产生所需的输出功率。为此，谐振功率放大器多选择丙类（$\theta < 90°$）工作状态。而为了实现不失真放大及在所要求的信号频带内进行有效的阻抗变换，谐振功率放大器的输入、输出回路全部采用具有良好滤波特性的选频网络。图 2 – 15 所示为丙类谐振功率放大器的原理图。当集电极电流导通角$\theta < 90°$时，i_c的波形近似呈余弦脉冲状，将i_c分解后得到

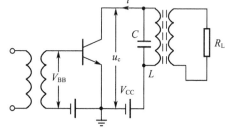

图 2 – 15 丙类谐振功率放大器原理图

$$\left.\begin{array}{l} I_{c0} = I_{cm}\alpha_0(\theta) \\ I_{c1} = I_{cm}\alpha_1(\theta) \\ \cdots\cdots\cdots\cdots \end{array}\right\} \qquad (2-46)$$

式中，$\alpha_0(\theta)$、$\alpha_1(\theta)$、$\cdots$是余弦脉冲电流的分解系数；I_{cm}为余弦脉冲电流的幅值。

由于输出回路谐振在i_c的基波频率ω_c上，故集电极输出回路两端的电压为

$$u_c = U_{cm}\cos\omega_c t$$

及

$$U_{cm} = I_{c1}R_P$$

从而在负载R_P上获得基波频率的功率为

$$P_0 = \frac{1}{2}I_{c1}U_{cm} = \frac{1}{2}I_{c1}^2 R_P \qquad (2-47)$$

其直流电源供给的输入功率为

$$P_{dc} = V_{cc} \cdot I_{c0} \qquad (2-48)$$

所以,集电极效率为

$$\eta_c = \frac{P_0}{P_{dc}} = \frac{1}{2} \frac{U_{cm} \cdot I_{c1}}{V_{cc} \cdot I_{c0}} = \frac{1}{2}\xi \cdot \frac{\alpha_1(\theta)}{\alpha_0(\theta)} \qquad (2-49)$$

$\xi = U_{cm}/V_{cc}$ 是集电极电压利用系数。

由 $\alpha_n(\theta) - \theta$ 曲线[1]可知,当 θ 取值 $60° \sim 70°$ 时,$\frac{\alpha_1}{\alpha_0} = g_1(\theta)$(波形系数)约为 1.7。当 $\xi = 1$ 时,由式(2-49)可得 η_c 达 85%,故为了兼顾输出功率和效率要求,谐振功率放大器的工作状态选择为丙类是合适的。

2. 谐振功率放大器的三种工作状态

三种工作状态指过压、临界和欠压工作状态,它是特指丙类谐振功率放大器,按在余弦激励的一周期内是否进入晶体管特性曲线的饱和区而区分。在不同的工作状态下面,集电极的余弦电流波形亦不同,因此 I_{cm} 和 I_{c1}、I_{c0} 也不同。所以在导通角 θ 确定之后还必须正确选择放大器的最佳工作状态。

谐振功率放大器的负载和各极电压变化都会影响工作状态,也就是说,激励幅值 U_{bm}、反向偏压 V_{BB}、集电极电源 V_{CC}、负载电阻 R_P 中任何一个参数改变时,都可能引起工作状态变化。

只改变 U_{bm} 而 V_{BB}、V_{CC} 和 R_P 均不变时,U_{bm} 由小到大,工作状态由欠压向过压过渡的波形如图2-16所示。

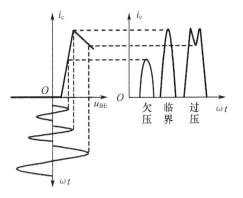

图 2-16　U_{bm} 对工作状态的影响

只改变 V_{CC} 而 U_{bm}、U_{BB} 和 R_P 保持不变的情况下,改变 V_{CC} 时动态线作相应平移,V_{CC} 由大变小时,工作状态由欠压进入过压的波形如图2-17所示。

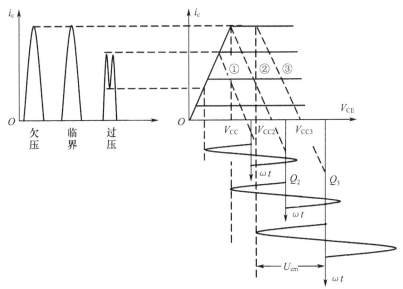

图 2-17　V_{CC} 对工作状态的影响

为了兼顾输出功率和效率的要求,谐振功率放大器通常应选择在临界工作状态,集电极最

佳负载电阻为

$$R_L = \frac{U_{cm}^2}{2P_0} = \frac{(U_{cc} - u_{cemin})^2}{2P_0} \qquad (2-50)$$

式中，P_0 为所需输出高频功率；u_{cemin} 为最小管压降，一般选其为功率管的饱和压降。

3. 谐振功率放大器的耦合电路

对耦合电路有三点要求：第一，具有良好的滤波能力；第二，能实现阻抗匹配；第三，具有较高的功率传输效率。

（1）输入耦合电路，主要作用是使谐振功率放大器晶体管的输入阻抗与激励源内阻或前级电路的输出阻抗相匹配，以获得最大的激励功率。

在丙类工作状态下，功率管的输入阻抗近似为

$$|Z_i| \approx \frac{r_{bb'}}{(1 - \cos\theta)\alpha_1(\theta)} \qquad (2-51)$$

如果取 $\theta = 70°$，则

$$|Z_i| \approx 3.49 r_{bb'}$$

一般 $r_{bb'}$ 在 10 Ω 以下。

（2）输出耦合回路，由于谐振功率放大器的实际负载电阻 R'_L 一般较低（50 Ω 或 75 Ω），所以，需要采用输出耦合回路，使晶体管集电极的最佳负载电阻 R_L 与实际负载 R'_L 相匹配。此外，输出耦合回路具有滤除 i_c 中各高次滤波分量的良好选频作用。

谐振功率放大器的输入或输出耦合电路的形式有许多种。通常在工作频率低于 10 MHz 的小功率放大电路中采用变压器互感耦合电路。图 2-18 所示是输出耦合电路。为了满足阻抗匹配要求，该电路中的参数可按下式考虑：

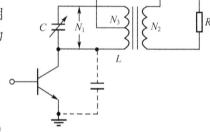

$$\left. \begin{array}{l} L = \dfrac{1}{\omega^2 C} \\[2mm] \dfrac{N_2}{N_1} = \dfrac{\sqrt{2R_L \cdot P_0}}{U_{cm}} \\[2mm] \dfrac{N_3}{N_1} = \sqrt{\dfrac{\omega_0 L}{R_L} Q_L} \end{array} \right\} \qquad (2-52)$$

图 2-18 变压器耦合输出电路

式中，P_0 为输出功率；U_{cm} 为原方线圈 N_1 两端的基波电压幅值；Q_L 是有载品质因数；N_2 为副方线圈的圈数；N_3 为抽头以上部分的圈数。

当要考虑晶体管结电容对回路的影响时，一般可认为 $C_{0b} \approx 2C_{cb}$，折算到初级回路两端的等效电容为

$$C'_{0e} = C_{0e}\left(\frac{N_1 - N_3}{N_1}\right)^2 \qquad (2-53)$$

所以，初级回路两端的外接电容为

$$C' = C - C'_{0e} \qquad (2-54)$$

其中，C 由式（2-52）计算。

4. 谐振功率放大器的偏置电路

由于谐振功率放大器为丙类工作状态，故发射结多为反向偏置，通常采用图 2-19 所示自

给反向偏置电路。图(a)是利用基流 I_{b0} 在 R_b 上的压降产生 V_{BB},图(b)是利用射极 I_{e0} 在 R_e 上的压降产生自给偏压。图(a)和图(b)中的电容 C_b 和 C_e 对基波频率呈短路。当图(b)中不接 C_e 时,R_e 成为取样电阻,其两端压降可用以监视 $i_e(i_c)$ 的波形和放大器的工作状态。但要注意此情况下输出功率会减小。

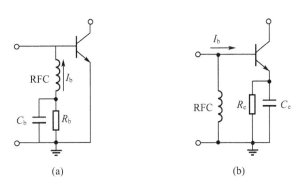

(a)　　　　　　(b)

图 2 - 19　谐振功率放大器的偏置电路

5. 谐振功率放大器的调整

谐振功率放大器的调整是指输入和输出回路的调谐与调匹配,目的是使实际制作的谐振功率放大器处于设计要求的临界工作状态,以获得预期的输出功率和尽可能高的效率。

(1)输出耦合电路的调整。

谐振功率放大器的输出耦合电路处于调谐时,集电极等效负载呈一个纯电阻——临界状态的最佳负载电阻,而实际负载电阻两端的高频电压应为最大,相应的集电极电流的直流分量 I_{c0} 应为最小,如图 2 - 20 所示。所以输出耦合电路调谐与否可用此依据来判断。具体方法是用示波器测量 R_L 两端电压,并在集电极供电支路串接电流表指示 I_{c0}。

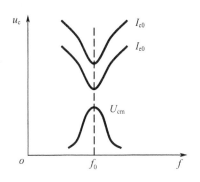

图 2 - 20　调谐输出耦合
电路时 U_{cm} 和 I_{c0} 的变化

在调整过程中应当注意的是,失谐和失匹配会导致 I_{c0} 剧烈增大,集电极损耗上升,存在损坏功率管的危险,所以为了保证功率管安全工作,在调整过程中往往降低 V_{CC} 到正常值的 1/2 左右,等待调谐振之后再把 V_{CC} 升为正常值,然后再微调回路电容就可以了。

(2)输入耦合电路的调整。

为了保证晶体管安全工作,一般也是先适当减小输入激励信号幅值,当输入回路调谐完毕之后再加大激励。

三、实验电路说明

高频功率放大实验电路组成如图 2 - 21 所示。其中,由一级哈特莱振荡器提供合适的激励信号电压。当改变 V_{EE} 时振荡电压幅值会相应变化,从而高频功率放大器的输入电压幅值也发生变化,用来观察不同激励电压幅值(其他参数保持不变)时出现的过压、临界和欠压工作状态下的 i_c 波形。

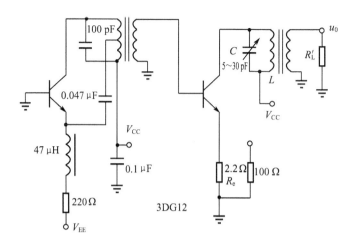

图 2 – 21　高频功率放大实验电路

需要说明的是,如果利用标准高频信号发生器提供激励电压,原理上并无疑问而且方法简便。但是用这种方法观察到集电极凹陷电流的资料却很少见到,原因就是标准高频信号发生器输出电压范围不合适,因此使高频功率放大器实验遇到困难。

此外,对于真空电子管一类高输入阻抗器件,工作在丙类工作状态,可以出现余弦脉冲电流波形。而功率晶体管由于输入阻抗很低,使它很难形成所需的丙类激励状态。

为克服上述困难,本实验电路除采取振荡源激励外,还用适当加大发射极电阻 R_e 值的方法,以提高放大器输入阻抗。实践表明,采取适当措施之后,在取样电阻(R_e)上能较明显地观察到三种不同工作状态下的 i_c 波形。

稍加改动图 2 – 21 电路,振荡源的供电电压不改变,只变化高频功率放大电路的电源 V_{CC},则会观察到在不同 V_{CC} 下面的三种工作状态的 i_c 波形。

当研究功率关系时,应将发射极电阻 R_e 调整到正常值,必要时接入旁路电容 C_e。本实验电路的调谐是改变回路电容 C,具体方法见前面说明。

四、实验内容及要求

设计并制作一个由振荡源激励的高频功率放大器。主要技术指标为:工作频率 10 MHz,输出功率大于 100 mW(50 Ω 负载),效率不低于 70%;晶体管型号为 3DG12G,电源电压 V_{CC} =(6 ~ 8) V;振荡源的 V_{EE} 在 1 ~ 3 V 内选取。

根据图 2 – 21 焊接电路并要求完成:

(1)计算调谐负载回路的参数。

(2)观察和记录 i_c(或 i_e)波形。

(3)测试功率增益(dB)。

(4)计算距离 0.2 km 处的传播损耗 L_f。

提示:自由空间内的电波传播损耗为 $L_f(dB) = 32.4 + 20\lg f + 20\lg d$。式中,$f$ 是频率,MHz;d 是传播距离,km。

(5)列出测试仪器仪表,叙述实验步骤和操作方法。

(6)写出实验报告(提出改进建议)。

第三章　数模混合系统实验与设计

基本单元验证性实验是学习掌握通信电路原理的重要方式,只有掌握了基本实验原理与实验技巧,才能更好地完成系统性的设计与实验。为了让同学们对系统知识有一个深入的了解,本章内容着重开设几个小系统实验,有时间的同学可以自己进行实验与设计,也可以在实验选修课中选做。其中将题目六、七、八安排为课程设计内容。

题目一　调频无线话筒的设计与制作

一、设计目的

(1) 设计制作或用专用芯片设计一个调频无线话筒。

(2) 学习调频发射机整机电路的设计与调试方法,高频电路常见故障的分析与排除,熟悉语音转换、调频和发射原理。

(3) 掌握实际工程中整机电路的设计与调试技术。

二、原理简介

要实现语音信号或传递信息的远距离传输,首先要将语音信号(或所传递信息)转换为电信号,因为传递的电信号频率较低,若将这些电信号直接放大进行无线电发射,需要很长的天线,否则发射效率会很低。即便使用很长的天线发射出去,由于各种信号混杂在一起,接收电路要将各种较低频率的信号选择出来也是非常困难的。所以在无线电信号传输过程中,必须将各种传递信号调制在不同频率的高频信号上,使接收电路很容易将它们区分解调,还原其原来的传递信息,提高传递信息的可靠性。

由此可见,要实现无线调频语音信号的传递,系统组成框图应为

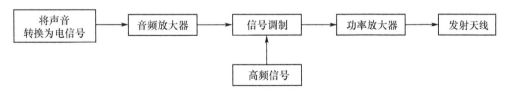

根据框图所示,下面分别介绍电容式声电转换传声器的组成、信号调制电路、专用集成电路调频发射芯片 MC2831 及 MC2833,希望同学们能够通过电路原理的介绍,自己动手设计制作一个完整的调频无线话筒发射机电路。

1. 电容式传声器

电容式传声器(Built-in Electrcet Condenser Microphone,ECM)作为电声换能器已广泛应用于各种电子产品中,它是由用驻体材料提供极化电压的电容式极片和专用场效应管两部分组

成,内部电路如图 3-1 所示。因为电容式传声器的输出呈现电容性阻抗,电容量一般为十几个皮法。所以,在低频端(如在几十赫以下),其容性电抗可达数百兆欧以上,因此,它不能与放大器前级直接相连接,必须进行阻抗转换,内部专用场效应管就是起阻抗转换作用,其中二极管起到"抗阻塞"作用。

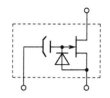

图 3-1 电容式
传声器内部图

ECM 常用的接法有两种,如图 3-2 所示,对场效应管来讲,一种是源极输出法,另一种是漏极输出法。无论哪一种接法,其限流电阻(R_s 或 R_D)的大小直接影响输出灵敏度、动态范围和输出失真度。由于场效应管的饱和电流离散性较大,电流最好选取在 0.1~0.8 mA 之间,若使用的电源电压较低(如 1.5 V),应选用 ECM 工作电流 I_{DS} 较小的产品,另外调整 R_s 或 R_D 时,源极和漏极之间的电压应大于 0.8 V,使其正常工作(可用示波器观察输出波形)。一般情况下,调整 R_s 或 R_D 时,用万用表测量 R_s 或 R_D 两端的电压,使其工作在电源电压的 $1/2 V_{CC}$ 处。

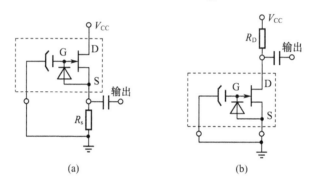

图 3-2 ECM 常用接法
(a)源极输出法;(b)漏极输出法

R_s 或 R_D 的选取不但决定静态工作点和失真度,而且同时影响灵敏度,对输出阻抗也有一定影响。当采用图 3-2(a)所示电路(源极输出)时,改变源极电阻 R_s,灵敏度变化不大,输出电阻小于 R_s;但是采用图 3-2(b)所示电路(漏极输出)时,改变漏极电阻 R_D,灵敏度变化很明显,输出电阻随 R_D 增大而增大,因此 R_D 不宜选取过大。

2. 石英晶体调频电路的实现

调频电路能够使载波频率随低频调制电压而变化,其载波的幅值不变,调频波有较强的抗干扰能力,因而被广泛应用。

调频电路波形如图 3-3 所示,由图可知,调频波的频率是按调制信号规律变化的,其中包含了传递信息(低频调制信号)。由于调频波所占频带要比调幅宽,因此调频信号通常用在频率较高的频段。调频波的最大频率变化 Δf_m 称为频偏,它与低频调制信号的频率 f_i 之比称为调制系数 m_f。调频信号的抗干扰能力与 m_f 有关,在同一低频调制频率下,频偏越大,抗干扰能力越强。

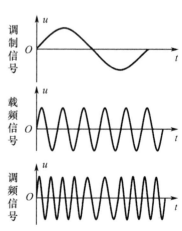

图 3-3 频率调制波形

在调幅系统中,为了减小调制失真,调制系数 m_f 不能大于1,而在调频系统中调制系数 m_f 可以远大于1,一般在遥控系统中 $m_f = 1 \sim 2$,称为窄带调频。在广播系统中 $m_f = 4 \sim 5$,称为宽带调频。

石英晶体调频有两种类型:一种是晶体作为反馈元件接入电路,石英晶体工作在串联谐振频率 f_0 上;另一种是晶体作为电感元件接入三点式振荡器的谐振回路,工作在串联谐振频率 f_0 和并联谐振频率 f_∞ 之间。调频石英晶体振荡器基本上都采用后一种方法。

调频晶体振荡器是采用变容二极管改变谐振回路参数来实现的,变容二极管普遍采用串联方法,具体电路如图 3 − 4 所示,它的等效电路图如图 3 − 5 所示。

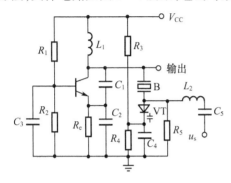

图 3 − 4 调频晶体振荡器原理

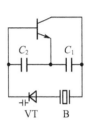

图 3 − 5 等效电路图

电路中,三极管和 C_1、C_2,晶体 B 和变容二极管(VT)构成电容三点式振荡器,图 3 − 5 是它的等效电路,R_1、R_2、R_e 形成晶体管的静态工作点,C_1、C_2 是反馈电容,C_3、C_4 是滤波电容,C_5 是耦合电容,L_1、L_2 对高频可视为开路,低频调制信号可以通过。R_3、R_4、R_5 构成变容二极管的反向静态偏置电路。调制信号从 u_s 端输入实现调频。

由于晶体振荡器的频率稳定度很高,最大频偏只有晶体频率的 10^{-3},为了获取较大频偏,电路上一般采用倍频方法将频偏扩展,倍频后频率稳定度不变,频偏却能成倍提高。图 3 − 6 是一个三倍频晶体振荡器电路,三极管集电极 LC 回路的谐振频率是晶体基频的 3 倍。晶体作为电感与变容二极管串联,低频信号通过调制变压器(L_2)和 R_5 加在变容二极管的正极实现调频。由于三极管集电极 L_1C_3 回路谐振在晶体基波的三倍频上,调制信号的中心频率为晶体基波频偏的 3 倍。但是应该指出,随着倍频次数的增加,输出电压幅值是减小的。

3. 单片调频发射集成电路 MC2831 和 MC2833

上面介绍了两种分离器件的调频电路,接下来分别介绍两种专用集成电路芯片 MC2831A 和 MC2833P,供大家参考。

MC2831A 与 MC2833P 是美国 MOTOROLA 公司的第一代和第二代产品,是专为调频通信而设计的,发射频率工作在业余波段。

MC2831A 内部由话筒放大器、音频振荡器、可变电抗、射频振荡器、缓冲器等几部分组成,具有低电压、低功耗、集成度高等特点,图 3 − 7(a)、3 − 7(b)是 MC2831A 的内部框图和管脚排列图。

MC2831A 各管脚功能如下:

管脚 1(VR):可变电抗输出端(用于实现调频的可变电抗器)。

管脚 2(D):滤波电容端。

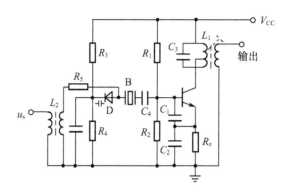

图 3-6 晶体振荡器兼倍频电路

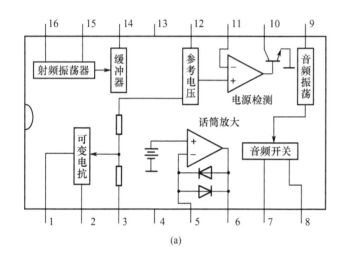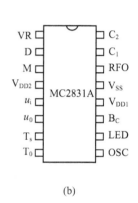

(a)   (b)

图 3-7 MC2831A 内部框图和管脚引线排列

(a) 内部框图；(b) 管脚排列图

管脚 3(M)：频率调制输入端，调制信号由此输入。

管脚 4(V_{DD2})：电源正极。

管脚 5(u_i)：话筒放大器输入端。

管脚 6(u_0)：话筒放大器输出端。话筒放大器是一个运算放大器，由外接反馈电阻确定其增益。

管脚 7(T_s)：音频开关。

管脚 8(T_0)：音频输出端。

管脚 9(OSC)：外接振荡器线圈。

管脚 10(LED)：外接 LED，当电源电压低于规定值时，内部三极管截止，外接 LED 熄灭。

管脚 11(BC)：电源电压设定端。

管脚 12(V_{DD1})：电源正极，正常应用中 V_{DD1} 与 V_{DD2} 同时接电源正极。

管脚 13(V_{SS})：电源地(负极)。

管脚 14(RFO)：射频振荡器输出端，已经调频的信号经内部缓冲器在管脚 14 输出。

管脚 15（C_1）：射频振荡器外接电容端。

管脚 16（C_2）：射频振荡器外接电容端。

MC2831A 有双列直插和贴片式小型封装两种。它的主要参数如下：

工作电压：3～8 V。

静态电流：4 mA（$V_{DD}=4$ V 时）。

射频使用范围：＜60 MHz。

最大频偏：±5 kHz。

工作温度：−30℃～+75℃。

图 3−8 是 MC2831A 的典型应用电路，其工作过程大致如下：从管脚 5 输入的音频信号经放大器放大后，由电容 C_4 耦合到管脚 3 可调电抗，由低频信号使可调电抗发生变化，它的输出经过电感 L_1 与晶体 B 和 MC2831A 内部射频振荡器构成调频电路，通过缓冲器由管脚 14 输出，由 L_2、C_9 并联谐振回路构成三倍于晶体 B 的频率，最后由 L_3、C_{10}、C_{11} 构成的天线匹配网络从天线发射出去。

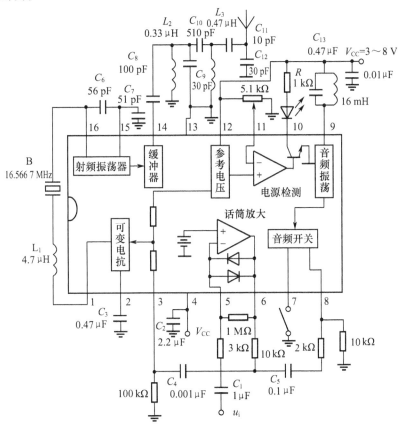

图 3−8　MC2831A 典型应用电路

另外，MC2831A 中的音频振荡器是为无绳话机座机而设计的，音频振荡器的振荡频率由 C_{13} 和 16 mH 电感确定。用于无线调频话筒时，音频振荡器部分可以不用。

MC2833P 与 MC2831A 相比，增加了两个独立的晶体管，可以构成发射机高频功率放大器,提高发射功率。图 3 - 9(a)、3 - 9(b)分别是 MC2833P 内部框图和管脚排列图。它由话筒放大器、可变电抗、射频振荡器、输出缓冲器和两个辅助晶体管组成。

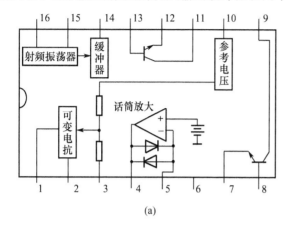

(a)

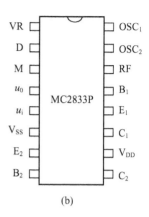

(b)

图 3 - 9　MC2833P 内部框图和管脚排列图
（a）内部框图；（b）管脚排列图

MC2833P 采用双列直插封装,各管脚功能如下:

管脚 1(V_R):可变电抗输出端。

管脚 2(D):滤波电容端。

管脚 3(M):频率调制输入端,调制信号由此输入。

管脚 4(u_0):音频放大器输出端。

管脚 5(u_i):音频信号输入端。

管脚 6(V_{SS}):电源负极。

管脚 7(E_2):三极管 VT_2 的发射极。

管脚 8(B_2):三极管 VT_2 的基极。

管脚 9(C_2):三极管 VT_2 的集电极。

管脚 10(V_{DD}):电源正极。

管脚 11(C_1):三极管 VT_1 的集电极。

管脚 12(E_1):三极管 VT_1 的发射极。

管脚 13(B_1):三极管 VT_1 的基极。

管脚 14(RF):射频输出端。

管脚 15(OSC_1):射频振荡器外接元件端。

管脚 16(OSC_2):射频振荡器外接元件端。

MC2833P 的主要参数如下:

工作电压:3 ~ 9 V。

静态电流:3 mA 左右。

工作频率:< 60 MHz。

工作温度: - 30 ~ 75 ℃。

内部晶体管参数:$V_{cbO} = 45 V$;$V_{ceO} = 15 V$;$V_{ebO} = 6.2 V$;$h_{FE} \approx 150$;$f_T > 500$ MHz。

52

图 3 – 10 是 MC2833P 的典型应用电路,音频调制信号从管脚 5 输入,经话筒放大器(放大器增益由外接电阻决定),从管脚 6 输出送入可变电抗器,通过调制信号改变可变电抗,从而改变射频振荡器的频率,实现调频。射频振荡器的中心频率由外接晶体 B 决定。调频信号经缓冲器从管脚 14 输出,14 外接 L_2、C_7 构成并联谐振,谐振频率为晶体 B 的 3 倍,实现了调频的频偏扩展。倍频后的信号经 C_8 耦合给 MC2833P 内部晶体管 VT_1 的基极,VT_1 的集电极与 L_3、C_{10} 构成高频功率放大器,放大后信号经 C_{16} 送入 VT_2 基极进一步放大。经过两级放大的调制信号,通过 L_4、C_{13}、C_{14} 耦合到天线向外发射。若发射功率不够,可继续外接功率放大器,提高发射功率。

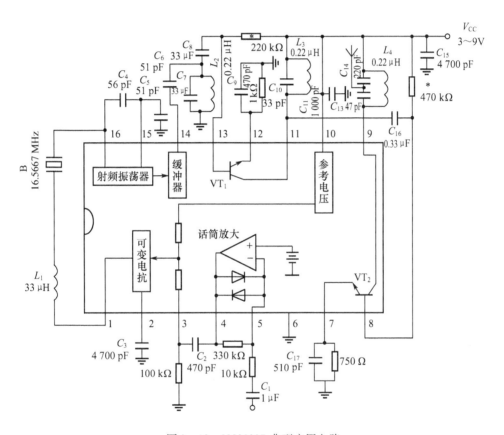

图 3 – 10   MC2833P 典型应用电路

三、设计指标要求

(1) 设计的载频频率范围可在 20 ~ 60 MHz 内选取。

(2) 最大频偏 $\Delta f = 6$ kHz,发射效率 $\eta > 45\%$,发射功率(负载电阻 $R_L \approx 75$ Ω) > 50 mW。

四、设计内容要求

(1) 根据上述电路原理的介绍,自己设计一个完整的调频无线话筒电路。

(2) 根据设计电路及指标要求,完成电路的焊接、调试等工作。

(3) 绘制出电路原理图,根据测试数据与计算数据对比,若有不同,分析其原因。

(4) 写出实验设计报告,报告内容要求电路原理及数据齐全,并总结心得体会。

题目二　调频接收机设计与制作

一、设计目的

(1) 掌握基本的调频(点频)接收机电路设计与调试方法。

(2) 了解一般电路设计方法与单片集成电路接收机原理和应用。

(3) 写出实验总结报告。

二、原理简介

一般调频接收机的框图组成如图 3-11 所示,工作原理是,天线接收到的高频信号输入到调谐回路进行选频,经高频放大器放大后(频率信号为 f_1)进入混频器,另一路本振信号 f_2 也进入混频器,混频器的输出含有 f_1、f_2、(f_1+f_2)、(f_2-f_1) 等频率分量,经混频器输出选频网络选出频率 (f_2-f_1) 再经中频放大获得足够增益,因为调频接收机存在寄生调频调幅,所以解调前一般加一级限幅放大电路,然后经鉴频器解调出低频调制信号。由低频功率放大器放大后驱动扬声器,还原出声音。因为从天线接收到的高频信号经过混频器的选频网络,变成为固定的中频信号 (f_2-f_1),因此成为超外差式接收机。

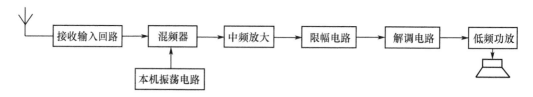

图 3-11　调频接收机组成框图

1. 高频放大器设计

图 3-12 是共发射极-共基极高频输入回路放大器,由天线到高频放大器之间的电路称

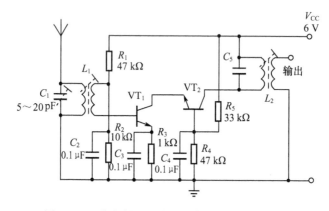

图 3-12　共发射极-共基极高频输入回路放大器

为接收机输入回路,经高频变压器耦合到 VT_1 和 VT_2,其作用是对接收信号进行选择,同时对高频信号进行放大。两个三极管组成的共发射极(VT_1)－共基极(VT_2)放大电路具有增益高和静态工作点稳定的优点。L_2、C_5 选频电路的频率要谐振于输入频率,此电路适用于点频接收电路。输入灵敏度决定于 VT_1 三极管的噪声系数和 VT_1 与 VT_2 构成的放大电路输入阻抗。

2. 混频放大器设计

图 3－13 是一种简单点频接收实用混频放大器电路,其中三极管 VT_1 实现频率变换,将天线接收到的信号 f_1 与三极管 VT_2 和晶体组成的本机振荡器的输出信号 f_i 进行混频,由 f_2 和 C 选频网络选出中频信号($f_2 = f_1 - f_i$),其原理是,利用三极管集电极电流 i_c 与输入电压 u_{be} 之间的非线性关系实现频率变换。变换后的调制参数(调制信号和频偏)保持不变,仅仅改变载波频率,因为高频调制信号从基极输入,本机振荡信号从发射极输入。这种电路的特点是:信号的相互影响较小,不容易产生牵引现象,但是要求本振的输出电压幅值较大,以便使三极管工作在非线性区,实现频率变换。

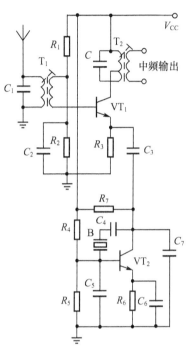

图 3－13 输入回路与混频器

混频管 VT_1 的静态工作点由 R_1、R_2 和 R_3 决定,为使三极管工作在非线性区,静态工作点 I_{cQ} 不能太大,否则非线性作用消失,混频增益会大大下降,但也不能太小,实验表明 I_{cQ} 一般取 0.3 mA 左右时较为合适。

三极管 VT_2 和晶体 B 组成本机振荡电路,此电路用晶体作为电容反馈三点式振荡电路,电路反馈系数 $F = C_7 / C_4$。振荡频率主要由晶体 B 决定。静态工作点由 R_4、R_5、R_6 和 R_7 决定,为使振荡器输出有较大幅值电压,静态工作点 I_{cQ} 选在 0.4～0.6 mA 较好。

由于混频器工作在非线性区,很容易引起信号干扰,如中频干扰、镜像干扰、谐波干扰等。采用晶体振荡器构成的本机振荡电路会减小干扰,必要时,可加一级高频调谐放大器,抑制镜像干扰。

3. 中频放大电路设计

从变频器得到的中频信号在送鉴频器(或检波器)之前要将信号进行放大,由于放大的是中频信号,故称放大器为中频放大器,中频放大器对提高接收机的灵敏度、选择性、通频带等指标起着极其重要的作用。

为了提高灵敏度,要求中频增益较高。中频放大电路一般由多级放大器组成,选频回路由中频变压器与电容组成,每级电路并联一个 LC 回路作为三极管集电极负载,以保证接收机的灵敏度、选择性和通频带。但电路 LC 选频网络较多,调整电路也费事,图 3－14 给出的电路原理将选频电路集中在一起,将中频变压器 L 与三端陶瓷滤波器组装在一起,由陶瓷滤波器保证中频放大器的选择性,用 LC 回路改善幅频特性,这种电路称为集中选择中频放大器。中频信号经 VT_1 放大后再经 LC 与陶瓷滤波器选频,由 VT_2、VT_3 和 VT_4 与 RC 组成的耦合放大器放大。这种放大电路简化了电路结构,调整也较为方便,其增益可达 60～70 dB 以上。

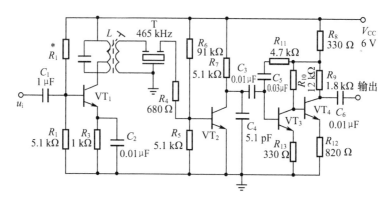

图 3 – 14 集中选择中频放大器

4. 鉴频电路设计

鉴频是调频的逆过程,鉴频电路有相位鉴频、正交相位鉴频(也称移相乘法鉴频)、斜率鉴频和陶瓷鉴频等。调频接收机一般采用相位鉴频、正交相位鉴频。相位鉴频原理是将调频波经过一个移相网络变成调频调相波,再与原调频波一起加到相位检波器进行鉴频,因此,实现鉴频的核心部件是相位鉴频器。具体原理与电路见第二章鉴频器实验。

正交相位鉴频的原理是将中频放大信号经限幅电路变为矩形脉冲,矩形脉冲输出分为两路信号,一路信号直接送入乘法器(u_1),另一路经移相网络移相90°送入乘法器(u_2),它的框图如3 – 15所示,输入输出波形图如图3 – 16所示。

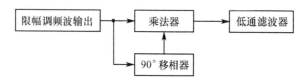

图 3 – 15 正交鉴频原理框图

当调频信号瞬间输出频率f等于中心频率f_0,即频偏$\Delta f = 0$时,移相网络将u_2移相$\Delta \varphi = 90°$;当f高于f_0,即频偏$\Delta f > 0$时,移相$\Delta \varphi < 90°$;当f低于f_0,即频偏$\Delta f < 0$时,移相$\Delta \varphi > 90°$。

由3 – 16波形图可见,当u_1与u_2相位差90°,即$\Delta f = 0$时,乘法器输出脉冲正负半周脉宽相等,电压为零。当频偏$\Delta f > 0$时,输出正半周脉冲大于负半周脉冲,平均电压大于零。当频偏$\Delta f < 0$时,输出正半周脉冲小于负半周脉冲,平均电压小于零。可见乘法器输出信号的平均值与移相网络成正比。故乘法器输出信号经过低通滤波器后,可得到与调频信号成正比的解调信号。但是此电路的频偏不宜过高。

正交相位解调器易于集成化,许多带有鉴频功能的中放集成电路都采用这种频率解调器。且外围电路非常简单,调整方便,性能优良。

5. 单片调频接收集成电路 MC3362 与 MC3372 介绍

随着科学技术的迅猛发展,专用集成电路不断更新,它逐步取代分离器件的所有功能,MC3362 和 MC3372 单片调频接收集成电路就是其中一例。

单片调频接收集成电路 MC3362 内部电路由两次本机振荡、两次混频、中频放大、限幅电

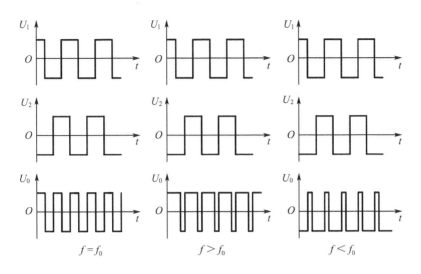

图 3 - 16　正交鉴频电路波形

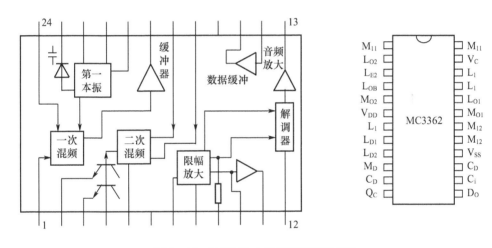

图 3 - 17　MC3362 内部框图和管脚排列

路、频率解调和幅值比较等几部分组成。图 3 - 17 是 MC3362 内部框图和管脚排列,各管脚端
的功能如下:

　　管脚 1(M_{11}):第一混频器输入端。

　　管脚 2(L_{O2}):第二本机振荡器输出端。

　　管脚 3(L_{E2}):第二本机振荡器发射极。

　　管脚 4(L_{OB}):第二本机振荡器基极。

　　管脚 5(M_{O2}):第二混频输出端。

　　管脚 6(V_{DD}):电源正极。

　　管脚 7(L_i):限幅放大器输入端。

　　管脚 8(L_{D1}):限幅放大器去偶端。

　　管脚 9(L_{D2}):限幅放大器去偶端。

管脚 10(M_D):驱动输入。

管脚 11(C_D):载波检波。

管脚 12(Q_C):正交线圈端。

管脚 13(D_O):频率解调输出端。

管脚 14(C_i):幅值比较器输入端。

管脚 15(C_O):幅度比较器输出端。

管脚 16(V_{SS}):电源负极。

管脚 17(M_{12}):第二混频器输入端。

管脚 18(M_{12}):第二混频器输入端。

管脚 19(M_{O1}):第一混频器输出端。

管脚 20(L_{O1}):第一本机振荡输出端。

管脚 21(L_1):第一本机振荡器槽路。

管脚 22(L_1):第一本机振荡器槽路。

管脚 23(V_c):可控变容器。

管脚 24(M_{11}):第一混频器输入端。

MC3362 的主要性能如下:

工作电压:2～6 V。

工作频率:200 MHz(用外接本振时频率可达 400 MHz)。

第一级混频增益:18 dB;第二级混频增益:21 dB。

输入灵敏度:<10 μV。

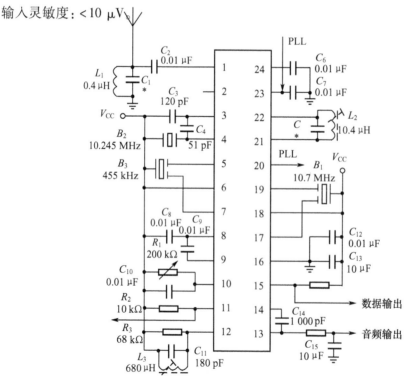

图 3-18 MC3362 典型应用电路

图 3 - 18 为 MC3362 典型应用电路。由天线接收下来的信号,经 L_1C_1 的选频耦合送给管脚 1 进行混频。第一本机振荡器由 L_2C 组成,振荡频率低于接收频率 10.7 MHz。第一次混频经缓冲放大由管脚 19 输出。经陶瓷滤波器 B_1 滤波后送给管脚 17 进行二次混频。二次振荡频率是 10.245 MHz,由晶体和 B_2、C_3、C_4 组成,低于第一次混频中放频率 455 kHz。二次混频由管脚 5 输出,经陶瓷滤波器 B_3 滤波送入限幅放大器(管脚 7),限幅放大器输出由内部连到正交检波器(解调器),音频信号从管脚 13 输出。

另外,管脚 10 与外接可调电阻 R_1 控制限幅放大器的灵敏度。限幅放大器输出(管脚 11)与外接电阻 R_2 输出经检波后可以监测限幅放大器输出幅值。R_3、L_3 和 C_{11} 选频电路的 Q 值影响解调器的灵敏度。MC3362 用作音频接收机时,C_{14} 耦合电容可以不用,但是当此芯片用作 FSK 时,要经过 C_{14} 耦合电容到管脚 14,经芯片内部整形比较从管脚 15 输出。

MC3372 单片调频集成电路的特点是:外围元件少、灵敏度高、可低电压工作。图 3 - 19 是内部结构和管脚排列。各管脚功能如下:

管脚 1(OSC):本机振荡器外接元件端。

管脚 2(OSC):本机振荡器外接元件端。

管脚 3(M_O):混频输出端(中频信号)。

管脚 4(V_{DD}):电源正极。

管脚 5(L_i):限幅放大器输入端。

管脚 6(D_1):限幅放大器滤波。

管脚 7(D_2):限幅放大器输出端。

管脚 8(Q_1):正交输入,此端接一个陶瓷滤波器(或 LC 回路)与内部电路构成陶瓷鉴频器。

管脚 9(D_O):解调输出端。

管脚 10(IN):放大器输入端。

管脚 11(OUT):放大器输出端。

管脚 12(S_1):静噪开关控制。

管脚 13(C_D):信号强度指示,在此端与地之间接一个电阻,可获得与信号强度成正比的电压信号。

管脚 14(M_S):静音开关。

管脚 15(V_{SS}):电源负极。

管脚 16(RF):射频输入端。

图 3 - 20 是 MC3372 的典型应用电路,MC3372 的最高输入截止频率为 60 MHz,工作电压 2 ~ 9 V,限幅灵敏度 5 μV,混频器增益 30 dB。

三、设计指标要求

(1) 接收频率范围:20 ~ 60 MHz。

(2) 接收灵敏度:≤50 μV。

(3) 音频功率输出:≥500 mW。

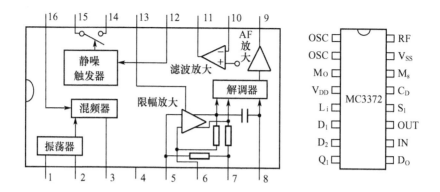

图 3-19 MC3372 集成电路内部框图和管脚排列

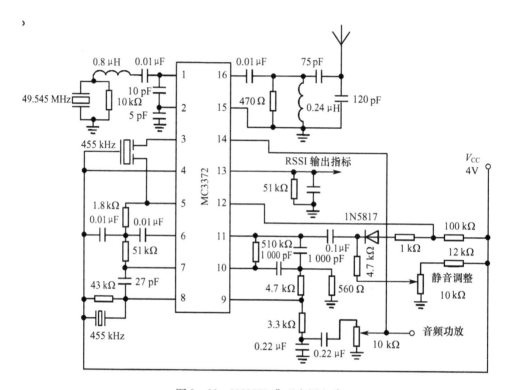

图 3-20 MC3372 典型应用电路

四、设计内容要求

（1）自行设计全部电路,绘制出完整的接收机电路原理图。

（2）根据设计电路及指标要求,完成电路的焊接、调试等工作。

（3）整理测试数据,根据原理分析测试结果。

（4）写出实验设计报告,报告内容要求电路原理及数据齐全,并总结心得体会。

题目三 语音增量调制(ΔM)的设计

一、设计目的

(1) 了解增量调制(ΔM)系统的工作原理及特点。
(2) 了解增量调制(ΔM)编/译码集成芯片的运用方法。
(3) 设计调试一个完整的语音调制与解调电路,并写出设计报告。

二、实验原理

增量调制是用一位码的脉冲编码调制。它是用一位码去表示相邻取样值的相对变化,将模拟信号转换成由二进制码组成的基带序列。

增量调制系统的组成框图如图 3 – 21 所示。其中编码部分由比较器、脉冲调制器和本地译码器组成。这部分电路的工作过程大致说明如下。

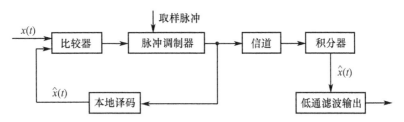

图 3 – 21 增量调制系统组成框图

首先将模拟信号 $x(t)$ 与本地译码器输出信号 $\hat{x}(t)$ 进行比较,然后在取样脉冲作用下将比较结果用双极性码输出。这一过程可看成 $x(t)$ 与 $\hat{x}(t)$ 相减,当取样脉冲到来时将相减结果用"1"或"0"输出。如果在给定取样时刻 t_i 有

$$x(t)\big|_{t=t_i} - \hat{x}(t)\big|_{t=t_{i-1}} > 0 \tag{3 – 1}$$

则调制器输出"1";如有

$$x(t)\big|_{t=t_i} - \hat{x}(t)\big|_{t=t_{i-1}} < 0 \tag{3 – 2}$$

则输出"0"。这里 t_{i-1} 是 t_i 时刻的前一瞬间。

图 3 – 21 中的积分器实际上完成了译码工作。若由脉冲调制器输出的二进制编码用双极性码表示,即二进制码为"1"时输出为 $+E$;反之,二进制编码为"0"时输出为 $-E$。当积分器遇到 $+E$ 时就以固定斜率上升一个 ΔE;当积分器遇到 $-E$ 时就以同样斜率下降一个 ΔE。图 3 – 22 给出积分器工作波形。在正常情况下,积分器输出斜变波形与原模拟信号 $x(t)$ 相似。由于本地积分器输出 $\hat{x}(t)$ 相当于前一时刻取样值,在比较器中就可以实现当前时刻值与前一时刻值相减判决。

增量调制的关键是选好两个有效参量:量阶 Δ 和取样周期 T_s,量阶过小时容易产生过载噪声,量阶过大时会增大阶梯电压与模拟信号的误差,当提高取样频率 f_s 时可减轻量阶过小或过大的影响。通常,增量调制系统中取样频率为 16 kHz 或 32 kHz,这要比脉冲编码调制系统的 f_s 高出两倍以上。

三、专用增量调制/解调器 MC3417 及 MC3418 简介

实际上使用的增量调制系统是在上述原理基础上的改进型,以克服容易过载、动态范围小等缺点。本实验电路选用数字检测自适应 Δ 调制芯片 MC3417 和 MC3418,它是一种连续可变斜率音节压扩型 Δ 调制/解调集成电路(简称 CVSD),在同一电路芯片上,同时兼有编码和解码两种功能,既可以把模拟信号转换成二进制数码,也可以把数码恢复为模拟信号,其特点是:

(1)可通过逻辑电平来选择编码和解码功能,数字输入阈值也可以选择;

(2)在芯片上提供 $V_{CC}/2$ 基准电压源;

(3)具有连码检测器(MC3417 为 3 位,MC3418 为 4 位),数字输出与 TTL/CMOS 兼容。

图 3-23 是 MC3417 和 MC3418 的内部框图和管脚排列,其各管脚功能如下:

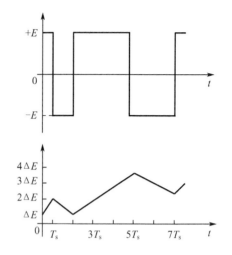

图 3-22 积分器工作波形

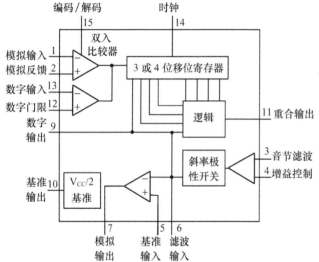

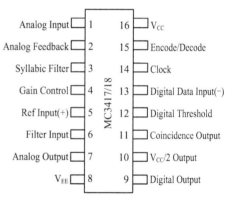

图 3-23 MC3417/18 内部框图和管脚图

管脚 1(Analog Input):模拟输入端。

管脚 2(Analog Feedback):模拟反馈端。

管脚 3(Syllabic Filter):音节滤波端。

管脚 4(Gain Control):增益控制输入端。

管脚 5(Ref Input):基准输入端。

管脚 6(Filter Input):滤波器输入端。

管脚 7(Analog Output):模拟输出端。

管脚 8(V_{EE}):电源电压负端,当用单一电源时,此端接地。

管脚 9(Digital Output):数字输出端。

管脚 10(V$_{CC}$/2 Output):电源 V$_{CC}$/2 输出端。

管脚 11(Coincidence Output):重合输出端,当内部移位寄存器(MC3417 是三位寄存器, MC3418 含有四位)全部为 1 或 0 时输出为 0。

管脚 12(Digital Threshold):数字门限,用来辅助连接不同的逻辑电平。

管脚 13(Digital Data Input):数字数据输入,在解码应用中是数字输入端,编码中不用。

管脚 14(Clock):时钟输入端,此端决定编码和译码的数据速率。

管脚 15(Encode/Decode):编码/解码,高电平时控制模拟比较器,低电平时控制数字比较器。

管脚 16(V$_{CC}$):电源电压端。

图 3-24 所示的原理是用集成芯片 MC3417/18 设计的增量调制实际电路,这是一个 16 kHz 时钟的简单话音编/译码器。编码工作状态时管脚 15 连接到 V$_{CC}$/2,模拟信号通过外加静态工作点的管脚 1 输入,积分网络接在管脚 6 和管脚 7 之间,音节滤波器接在管脚 11 和管脚 3 之间。当 MC3417 出现三连"0"或三连"1"(MC3418 应出现四连"0"或者四连"1")时,从管脚 11 送出低电平"一致脉冲",经音节滤波器平滑得到改变量阶的控制电压,使片内斜率极性开关转换,并送至管脚 6 运算放大器反相端,自管脚 7 输出本地译码信号再送到管脚 2 与模拟输入信号比较,至此完成全部编码过程。从管脚 9 输出增量调制序列。

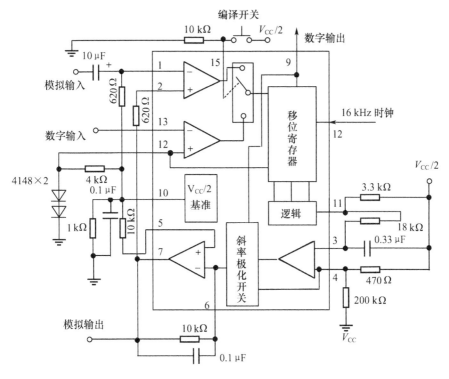

图 3-24 MC3417 的外部电路连接

此外,管脚 4 外接电阻 R_{min}(200 kΩ)决定最小量阶电流,而外接电阻 R_x(470 Ω)决定最大量阶电流。

集成芯片 MC3417/18 作译码器用时,可将管脚 15 经 10 kΩ 电阻接地。这时模拟输入运算放大器停止工作,而数字输入运算放大器和后面电路接通,管脚 13 是其反相输入端,管脚 12 是同相输入端,增量调制序列从管脚 13 输入。编译码时的数字阈值都由管脚 12 设置,当它与两个二极管相连时为 TTL 接口,而与 $V_{CC}/2$ 相连时为 CMOS 接口。参考电压 $V_{CC}/2$ 从管脚 10 输出。外部时钟从管脚 14 加入。在管脚 7 输出增量解调信号,应当经低通滤波后送给音频放大电路。

音频前置放大器和音频功率放大器分别如图 3-25(a)、3-25(b)所示。音频信号输入可以是话筒信号,加一级有源二阶低通滤波器送到编码器的管脚 1,必要时可采用两级有源滤波器。功率放大采用 LM386 芯片。

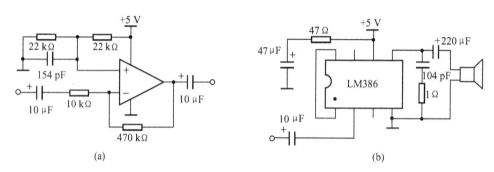

(a)   (b)

图 3-25 音频放大器电路
(a) 音频前置放大器;(b) 音频功率放大器

图 3-26 所示是一个全双工音频增量调制/解调电路,运算放大器可使用 μA741 或其他普通型号。模拟信号通过有源滤波器输入到 MC3417/18 的管脚 1 进行 CVSD 调制,解调后信号由椭圆滤波器输出。

用 MC3417 或 MC3418 进行编码增量调制/解调时,允许设计者随着应用的不同改变编码器的传输性能。但是传输能力受增量调制的基本限制和编码器参数设计的约束。因此,在设计 CVSD 编码和解码时有以下几个问题要考虑。

1. 时钟速率

由于 MC3417 或 MC3418 芯片可以工作于 9.6 kHz 到 64 kHz 时钟速率的任何点,时钟速率越高,S/N 特性越高,时钟速率选择取决于传输介质的带宽。一般语音带宽不高于 9.6 kHz,专用四线电话常用 16 kHz,商用电话 32 kb 或更高。其他解码可使用 200 kb/s 以上的速率。

2. 移位寄存器

对于 16 kHz 和低于 16 kHz 的时钟速率一般采用 MC3417,对于 32 kHz 以上的时钟速率优先采用 MC3418。

3. 环路增益

电路增益由管脚 4 上 R_x 设定,一般不应大于 5 kΩ。

4. 最小步长的选择

当没有输入信号时,逻辑数字输出为"1"和"0"交替图形,模拟输出变成三角波,这时的输出称为空闲信道步长。由于芯片内部的失调电流将限制空闲信道的最小步长,如果需要"1" "0"空闲信道图形的话,空闲信道步长必须两倍于规定的总环路的失调。

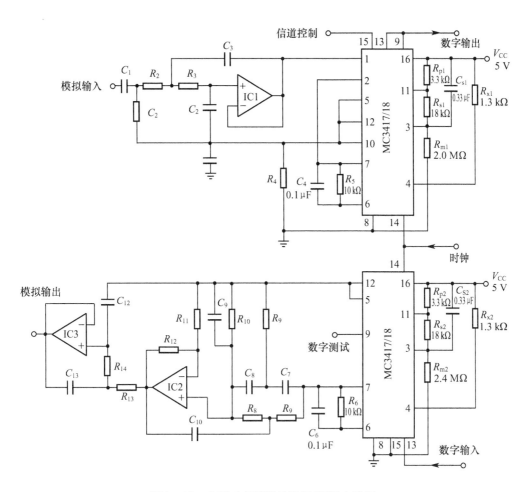

图 3 - 26 全双工音频增量调制/解调电路图

为了设置空闲信道步长,要适当选择 R_m 值。当没有输入信号时,较长序列的"1""0"不会发生,因此音节滤波器电容(C_{s1})两端的电压减退到零。若需要在模拟输出端产生所需要的斜坡,滤波器输入电流方程为

$$I_i = \frac{U_0}{R_{s1}} + C_s \frac{dU_0}{dt} \tag{3-3}$$

若 V_0 接近于 $V_{CC}/2$ 时,U_0/R_i 项可以忽略,则

$$I_i = C_s \frac{\Delta U_0}{\Delta T} \tag{3-4}$$

式中,ΔT 是时钟周期;ΔU_0 是空闲输出期望的峰 – 峰值。

5. 积分滤波器设计

图 3 - 27 中 MC3417 的积分滤波器(管脚 6 与管脚 7)采用了一个由 0.1 μF 电容和 10 kΩ 电阻构成的单极积分网络,若想进一步改善电路噪声的性能,可在其输出端加一级无源低通滤波器,它的上限截止频率可以根据实际需要设计,若是话音,上限截止频率可设在 4 kHz 左右(单纯语音信道可设计转折点为 2.5 kHz 左右),同时要保证编码器回路的稳定性,积分滤波器的相移要小于180°。双极滤波网的设计不仅影响环路增益,而且影响最小步长电阻的选择。

对于已知电压变化所需积分电流公式(3-3)将变为

$$I_i = \frac{V_0}{R_0} + \left(\frac{R_2 C_2}{R_0} + \frac{R_1 C_1}{R_0} + C_1\right)\frac{\Delta V_0}{\Delta T} + \left(R_2 C_2 C_1 + \frac{R_1 C_1 R_2 C_2}{R_0}\right)\frac{\Delta V_0^2}{\Delta T^2}$$

$$(3-5)$$

6. 音节滤波器设计

图3-26中音节滤波器由一个简单18 kΩ 和0.33 μF 的单级网络构成,作为重合输出信号的平均值产生约6.0 ms 时间常数。电容器的电压决定了建立步长的积分电流,积分器电流和步长决定压缩扩展比和S/N 特性。压缩扩展比定义为电容器两端的电压和V_{CC}之比。S/N 特性可通过调整电阻R_s来改善。

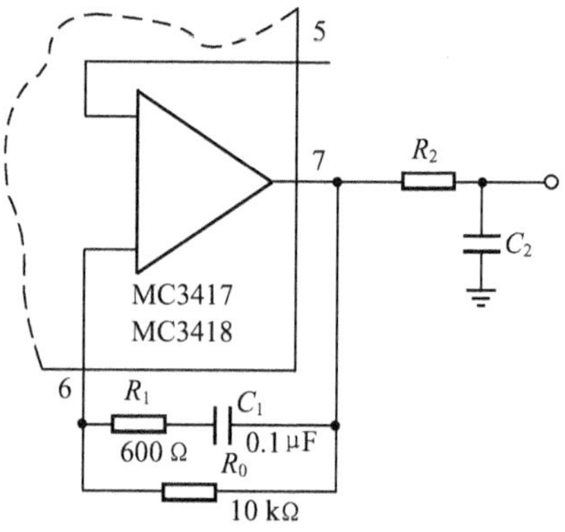

图3-27 改进型滤波器结构

7. 接收器低通滤波器设计

在图3-26所示解码器中,使用了椭圆低通滤波器,目的是更好地消除量化噪声,使模拟输出更为理想。

四、设计指标要求

(1) 输入信号频率范围:300 Hz~3.4 kHz。

(2) 输入信号幅值:≤1 V。

(3) 输出信噪比:≤-10 dB。

五、设计内容要求

(1) 设计一个完整的增量调制与解调电路,绘制出完整的接收机电路原理图。

(2) 根据设计电路及指标要求,完成电路的焊接、调试等工作。

(3) 根据原理整理测试数据,与测试结果对比,若有不同,分析原因。

(4) 写出实验设计报告,报告内容要有电路原理并且数据齐全,总结心得体会。

题目四　基于RF模块无线数据传输系统的设计

一、设计目的

(1) 掌握RF模块的性能和使用方法。

(2) 掌握可编程伪随机码信号源的设计或对静态图像进行数据处理传输。

(3) 设计调试一个完整的硬件无线数据传输和显示电路,并写出设计报告。

二、RF无线模块简介

目前有多家公司生产各类系列RF无线模块,其功能也不相同,现以华荣汇通信设备有限公司设计生产的无线数据传输模块组为例加以介绍。

华荣汇通信设备有限公司研制的高性能RF Modem系列产品用高性能CPU和高性能无线数传模组内核整合而成,其主要特点包括以下几点:

（1）标准异步串行接口（UART，1 个起始位，8 个数据位，1 个以上停止位，0 或 1 个校验位），方便与各种控制器的硬件串口连接。

（2）数据直接传输（自动静噪，过滤掉空中假数据，所收即所发），双工通信，收发自动切换。

（3）Modem 内置高性能 CPU 实现前向纠错（FEC）处理，通信可靠性大大提高，误码率非常低。

（4）硬件跳线可以选择最多 16 个独立互不干扰信道，7 挡波特率及串口模式设置。

（5）可以串口软件设置无线频道，实现软件跳频。

（6）3.3 V /5 V 兼容 TTL、RS232、RS485 多种接口电平，使用更加灵活。

（7）DC3.0 ~8.0 V 宽压工作，电源可以 I/O 控制关断，降低功耗。

（8）由于使用软件纠错编码增益，相同辐射功率条件下，同一误码率指标，带 FEC 的 RF Modem 通信距离要远高于一般的无线数据传模组或不带 FEC 的 RF Modem。

图 3 – 28 是 GW100B 的典型通信处理流程。

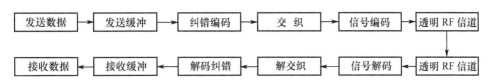

图 3 – 28   GW100B 电路原理框图

1. 电路框图说明

（1）发送缓冲与接收缓冲是为了匹配用户接口和无线接口速率而设计，采用 FIFO 方式，支持大批量连续数据传输。

（2）纠错编解码采用成熟的卷积码纠错技术，可以将误码率由 10^{-3} 减小到 10^{-6}，并且有 3 dB 左右软件编码增益，进一步提高了传输的可靠性。

（3）交织的目的是为了将连续的错误离散成不连续的单 bit 错误，提高了抗连续干扰的能力，但带来了传输延时，该公司的 RF Modem 采用 256 bit 16 × 16 交织，可以抵抗一般人员走动、汽车通过等环境下对无线传输造成的误码干扰，由此引起的传输延迟在用户接口速率为 9 600 b/s时约 20 ms。

（4）信号编/解码的目的是将信号辐射功率谱集中，并有利于接收机信号解调。

（5）卷积码 FEC 方式相比 ARQ 差错控制方式，尤其是在随机干扰比较大情况下，由于其良好的纠错性能，效率要远高于 ARQ 模式。比如，ARQ 方式下，传输一个 256 bit 数据包，如果其中一个 bit 错误，就需要重传，而采用（2,1,7）卷积码，16 × 16 交织的 RF Modem，即使其中连续 16 bit 传输错误，接收方也可以通过软件纠正过来，用户不会收到误码。

2. GW100B 应用范围

GW100B 无线模组广泛应用于各种场合的数据传送、无线通信领域，如：

（1）水、气、热、电等居民计量表远传无线自动抄表；

（2）消防安全报警、楼宇自动化；

（3）心电监护仪无线联网监护、无线多参数遥测；

（4）无线会议表决系统；

（5）无线点菜系统；

（6）无线烟感、机器人；

（7）体育训练及竞赛；

（8）POS机无线联网；

（9）无线电子显示屏及排队机；

（10）无线吊钩称；

（11）无线温/湿度控制、设备监控；

（12）不停车收费、停车场；

（13）工业无线遥控、空调遥控器；

（14）油井监测；

（15）无线键盘、鼠标；游戏杆、打印机；

（16）点对多点无线组网、无线现场总线、自动化数据采集系统等。

3. 天线的安装

使用焊盘引线来连接天线的模组，一般建议客户使用微型的PCB天线（比如ANT434A）或直导线来做天线，直接将天线引出线焊接在模组的天线焊盘上，天线引出线的长度越短越好。天线地根据天线的要求可接可不接（ANT434A不接，但Tricom公司的PCB天线一般要求接地）。

使用直导线做天线时，请使用5N(99.999%)以上优质硬、直铜导线，线径越粗越好；一般，使用普通的单根百兆以太网网线做天线，即可取得比较好的效果。

使用直导线做天线时，(7150/工作频率，单位cm)所计算出的天线长度是天线直立的长度，如果天线放在壳体里或盘绕起来，天线的长度将变化。推荐的作法是用理论计算长度1.5倍减去5 mm做天线，在实际测试中应根据实际情况来确定最佳天线长度。

如果天线需要在设备壳体上穿孔引出时，请使用50 Ω低损同轴电缆（或标准SMA接头延长线）将天线延长引出，同轴电缆芯线与模组天线焊盘焊接，屏蔽层与天线地（没有天线地时用电源地）焊接，选择弯曲半径小的电缆将有利于电缆的弯曲布置，使焊盘不易撕裂。

华荣汇通信设备有限公司亦可提供直角头SMA接头将无线模组的SMA引出头折弯，直接安装在壳体上或穿出，但直角头SMA将额外引入1~2 dB的插损。

4. 配套天线列表

天线编号	外形尺寸/mm	频 段	增 益/dBi	接 口
ANT434A	29×7×1 PCB天线	U4F	-3.0	焊接
ANT434B	φ9×45 橡胶天线	U4F	0.5	SMA
ANT434C	φ10×100 橡胶天线	U4F	1.0	SMA
ANT434D	φ13×85 橡胶天线	U4F	2.0	SMA
ANT434E	1米外置吸盘天线	U4F	5.5	SMA
注：ANT434C/D为该公司带SMA接口产品出厂标配天线。				

5. 工作频段

频道	频率/MHz	频道	频率/MHz	频道	频率/MHz	频道	频率/MHz
0	414.995	4	423.049	8	430.149	C	439.058
1	417.028	5	425.015	9	432.834	D	440.998
2	418.965	6	426.802	A	434.845	E	442.218
3	420.919	7	429.052	B	436.952	F	444.061

6. GW100B 接口说明

定 义	说　　　明
V_{CC}	电源输入,DC3.0 ~ 8.0 V,纹波最好小于$120mV_{p-p}$,最好不要使用开关电源供电。
/PD	待机控制,/PD = 0,模组进入待机状态,待机状态模组不工作,电流消耗小于 2 μA;/PD = 1,模组正常工作,模组上电延时 50 ms 以后才能正常工作,进行数据传输。
DIN	模组数据(用户要发送的数据)输入
DOUT	模组数据(无线接收到的数据)输出
GND	系统地,最好与用户电源地连接,地线连线尽量短。
ANT	天线接口,建议使用标准天线或导线做天线; 导线做天线时,导线长度 = 7150/无线传输频率,比如 444.061 MHz 为 16.10 cm。

跳线开关				
/SET	无线模组上电时,/SET = ON,模组按照 1 ~ 4 的跳线设置进行串行接口参数配置; 无线模组上电时,/SET = OFF,模组正常工作,1 ~ 4 跳线用来进行硬件跳频,共 16 个频道,4 为高位,1 为低位,例如 4 = OFF 3 = ON 2 = ON 1 = OFF 对应 CH = 9 频道。			

1 ~ 4	/SET = ON 时,1 - 4 用来进行串口接口参数配置			
	4 = ON UART 接口无校验,即 N81 模式;4 = OFF UART 接口为偶校验,即 E81 模式。			
	3	2	1	UART 接口速率(b/s)
	ON	ON	ON	1 200
	ON	ON	OFF	2 400
	ON	OFF	ON	4 800
	ON	OFF	OFF	9 600
	OFF	ON	ON	14 400
	OFF	ON	OFF	19 200
	OFF	OFF	ON	38 400(非实时,23 kb/s)
	OFF	OFF	OFF	工厂测试模式(用户禁用)

7. GW100B 技术指标

工作电压	DC3.0~8.0 V		信号电平	TTL/RS232
工作电流	接收状态(/PD=V_{CC})	发送状态(/PD=V_{CC})		待机状态(/PD=GND)
	24 mA	43 mA		<2 μA
调制方式	FSK/32 kHz 频偏		稳频精度	±5 ppm (TA=25℃)
接收灵敏度	2 400 b/s	9 600 b/s		19 200 b/s
(dBm,ARP,10^{-3}BER)	优于-108 dBm	优于-103 dBm		优于-100 dBm
发射功率(dBm,ARP)	(10±1)dBm			
工作温度	-40℃~+85℃		工作相对湿度	10%~90%无结露
引脚接口方式	5Pin 插座		信道数	16

8. 应用中一般容易出现的故障

错误使用方法	导致的不正常结果
正负极接反	1. 胆电解电容爆炸;2. 电源处理部分烧毁;3. 单片机烧毁;4. 主芯片烧毁
电源噪声高(电源)最好 V_{PP} 小于 120 mV	1. 灵敏度下降;2. 传输距离近
天线连接不紧密	传输距离近
天线位置不恰当	1. 金属遮挡,金属屏蔽会严重影响应用效果;2. 建筑物会衰减电磁波; 3. 没有理想(全向)天线,天线具有方向性; 4. 用户系统的噪声会干扰天线(单片机噪声,系统电源)
DIN 线断	模块发不出数据
DOUT 线断	模块接收不到数据
DIN/DOUT 接反	模块不能发射接收数据
A/B 线接反或断线	1. 接收不到数据;2. 发送不出数据;3. 接收到的数据有规律,但不正确
接口不正确	接收到的数据有规律,但不正确(232 模式/TTL 模式与用户接口不匹配)
设备之间不能正常通信的原因	1. 两端的通信协议不一致(针对 GW100B 及 GW100C);A:波特率不一致;B:无校验/偶校验;C:普通 9 600 b/s、20 ms 延时,模式 6 的 9 600 b/s、10 ms 延时
	2. 配置模块端口时,PD 使能没有接高电平,模块配置没有改变,与用户系统不一致。
	3. 两端的频点不一致
	4. 不是同一系列产品
	5. 产品本身坏
	6. 信号没有发送到 DIN,或接收到的数据没有处理好
	7. 用户系统需要负电平,而模组只提供正电平
	8. 如果用户系统中有 AD/DA 转换部分,一定要注意无线部分与用户系统的 AD 部分做好隔离,否则无线信号会影响 AD 精度
	9. 用户的 PD 是否为高电平,高电平时模组才能工作
	10. 程序是否有特殊要求

图 3 - 29 是 GW100B 的实物图片。

图 3 - 29　GW100B 实物图片

9. 使用注意事项

（1）不要带电热拔插 RF Modem。

（2）使用时,务必保证在一个频点上,同一时刻只能有一个 Modem 处在发射状态;建议用户通信协议设计采用 ARQ 主从查询应答方式或 ALOHA 协议。

更进一步的要求请参考《数字通信——基础与应用》（美 Benrnard Sklar 著,电子工业出版社）。

（3）使用低纹波的线性稳压电源或电池供电,不要使用开关电源（如果要用,请用高 Q 值的 LC 回路滤波）。

（4）关于距离指标,不同的测试环境会产生不同的结果,主要影响因素包括发射功率、接收灵敏度、传输速率、干扰强度（背景噪声）、天线增益、天线离地高度、是否移动、空间衰减、障碍物尺寸及位置等。

10 mW 带 FEC 的 RF Modem（比如 GW100A）,在 9 600 b/s 速率、天线高度 2 m,增益 2.0 dBi、可视城区开阔地、传输文件、误码率 10^{-3} 情况下,可靠通信距离可以达到 300 ~ 400 m 左右。

三、设计指标要求

（1）无线传输速率:≥32 kb/s。

（2）误码率: $\leqslant 10^{-4}$

（3）接收灵敏度: ≤20 μV

四、设计内容要求

（1）在发射端,自己设计一个可编程的伪随机码信号源或对静态图像数据进行处理并传输。

（2）接收机实现十进制译码显示或静态图像显示。

（3）写出实验设计报告,报告内容要有电路原理且数据齐全,总结心得体会。

题目五　DDS 信号源的设计

一、设计目的

（1）学习掌握 DDS 信号源的原理设计。

（2）了解专用 AD9850 集成电路芯片功能，用专用芯片设计 DDS 信号源。

（3）学习掌握一种单片机的编程技巧与单片机的外围电路设置，实现与专用芯片的对接。

二、DDS 工作原理简介

目前频率合成主要有三种方法：直接模拟电路实现法、锁相环合成法和直接数字合成法。直接模拟电路实现法利用倍频、分频、混频及滤波，从单一或几个参数频率中产生多个所需的频率。该方法频率转换时间快，但是体积大、功耗大，目前已有逐步被淘汰的趋势。锁相环合成法通过锁相环完成频率的加、减、乘、除运算。该方法结构简化、便于集成，且频谱纯度高，目前使用比较广泛，但存在高分辨率和快转换速度之间的矛盾，一般只能用于大步进频率合成技术中。直接数字合成法 DDS（Direct Digital Synthesis）是近年来迅速发展起来的一种新的频率合成方法。该技术从相位概念出发来对频率进行合成，采用数字取样技术，将参考信号的频率、相位、幅值等参数转变成一组取样函数，然后直接运算出所需要的频率信号。这种方法简单可靠、控制方便，且具有很高的频率分辨率和转换速度，非常适合快速频率转换技术的要求。

因直接数字合成法是采用数字化技术，在时钟作用下，通过相位累加器将频率控制字进行线性相位累加产生的变化量，直接产生各种不同频率的一种频率合成方法。所以输出信号中含有大量杂散谱线，超宽频带信号也将遇到谐波电平高，从而难以抑制谐波等问题。这些问题严重影响了 DDS 输出信号的频谱纯度，也成为限制其应用的主要因素。

DDS 的结构原理图如图 3-30 所示，它由相位累加器、正弦 ROM 表、D/A 转换器等组成。参考频率 f_s 由一个稳定的晶体振荡器产生，用它来同步整个合成器的各个组成部分。相位累加器由 N 位加法器与 N 位相位寄存器级联构成，类似于一个简单的加法器。每来一个时钟脉冲 f_s，加法器将控制字 k 与累加寄存器输出的累加相位数据相加，把相加后的结果送到累加寄存器的数据输入端，以使加法器在下一个时钟脉冲的作用下继续与频率控制字相加。这样，相位累加器在时钟作用下，不断对频率控制字进行线性相位累加。由此可以看出，相位累加器在每一个参考频率输入时，把频率控制字累加一次，相位累加器输出的数据就是合成信号的相位，相位累加器的输出频率就是 DDS 输出的信号频率。

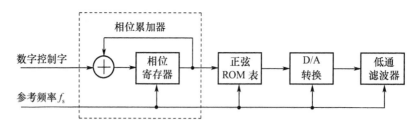

图 3-30 DDS 结构原理图

用相位累加器输出的数据作为波形存储器（ROM）的相位取样地址。这样就可以把存储在波形存储器内的波形抽样值（二进制编码）经查找表查出，完成相位到幅值的转换。波形存储器的输出送到 D/A 转换器，D/A 转换器将数字形式的波形幅值转换成所要求合成频率的模拟输出信号。低通滤波器用于滤除不需要的取样分量，以便输出频谱纯净的正弦波信号。

DDS 的输出频率 f_0、参考时钟频率 f_s、N 相位累加器长度以及频率控制字 k 之间的关

系为

$$f_0 = k \cdot \left(\frac{f_s}{2^N}\right) \tag{3-6}$$

式中,f_s 为参考时钟频率;N 是相位累加器长度;k 为频率控制字。

由于 DDS 的最高输出频率受到奈奎斯特抽样定理限制,所以

$$f_{max} = f_s/2 \tag{3-7}$$

以上计算的理论输出频率值为 $50\% f_s$。但考虑到低通滤波器的特性和设计难度以及对输出信号杂散的抑制,实际的输出频率带宽只能达到 $40\% f_s$ 左右。

1. 专用集成电路 AD9850 原理简介

现在流行的 DDS 产品以 Analog Devices 公司的最多,主要有 AD7008、AD9830 ~ AD9835、AD9850 ~ AD9854、AD9952 等系列的几十种芯片,各种芯片的选用可参考表 3 - 1。直接数字频率合成具有频率转换速度快、频率分辨率高、输出相位连续和全数字化、易于集成、易于控制等优点,是通信系统中各种频率合成器的理想选择。其应用范围包括频率合成器、可编程时钟发生器、雷达和扫描系统的 FM 调制源以及测试和测量装置等。

表 3 - 1   AD 公司常用 DDS 芯片选用表

型 号	最高工作频率 /MHz	工作电压 /V	最大功耗 /mW	备 注
AD9830	50	5	300	内置 10 位 D/A 转换器,并行输入
AD9831	25	3.3/5	120	内置 10 位 D/A 转换器,低电压,小型封装
AD9832	25	3.3/5	120	内置 D/A 转换器,低电压,经济
AD9833	25	2.5 ~ 5	20	内置 D/A 转换器,10 管脚 uSOIC 封装
AD9834	50	2.5 ~ 5	25	20 管脚 uSOIC 封装,内置比较器
AD9835	50	5	200	内置 10 位 D/A 转换器,小型封装
AD9850	125	3.3 ~ 5	480	内置 10 位 D/A 转换器和比较器
AD9851	180	3/3.3/5	650	内置 12 位 D/A 转换器、比较器和时钟 6 倍频器
AD9852	300	3.3	1 200	内置 12 位 D/A 转换器、比较器、线性调频、可编程参考时钟倍频器
AD9853	165	3.3 ~ 5	1 150	可编程数字 QPSK/16 - QA 调制器
AD9854	300	3.3	1 200	内置 D/A 转换器、比较器、线性调频、可编程参考时钟倍频器
AD9858	1 000	3.3	2 000	10 位 D/A 转换器,150 MHz 相位监测器、充电泵和 2 GHz 混频器
AD9952	400	1.8		14 位 D/A 转换器
AD9954	400	1.8		14 位 D/A 转换器
AD9956	2.7G	3.6	400	14 位 D/A 转换器

2. AD9850 主要性能

AD9850 是 AD 公司 1996 年推出的高集成度 DDS 频率合成器。它内部包括可编程 DDS 系统、高性能 DAC 及高速比较器,可实现全数字编程控制的频率合成器,接上精密时钟源时,可产生一个频谱纯净、频率和相位都可编程控制的模拟正弦波。此正弦波可直接用作信号源或转换成方波用作时钟。

AD9850 采用先进的 COMS 工艺,在 3.3 V 供电时,典型总功耗为 155 mW;5 V 供电时,总功耗最大为 480 mW。最高参考时钟为 125 MHz,输出频率分辨率可达 0.029 1 Hz,允许产生的最高输出频率为 62.5 MHz。芯片内部提供 5 bit 数字控制相位调制,输出的相位变化增量可为 180°、90°、45°、22.5°、11.25°的任意组合。利用芯片内部的高速比较器,可将经过滤波器的 D/A 输出正弦波转换为低抖动的方波。

AD9850 有 32 位相位累加器,截断成 14 位,输入到正弦(ROM)查询表,从查询表输出给 D/A。D/A 的输出是两个互补的模拟电流,在管脚 12 处接一个电阻 R_{set},使满量程输出为10 ~ 20 mA 电流,经过滤波器输出正弦波。

图 3 - 31 是 AD9850 的内部框图及管脚排列图,各管脚功能如下。

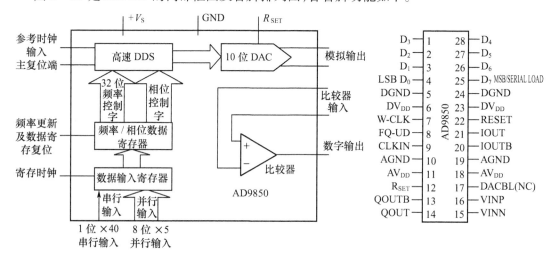

图 3 - 31　AD9850 内部框图及管脚排列图

管脚 1 ~ 4 和管脚 25 ~ 28(D_0 ~ D_7):8 bit 数据输入端。用于下载 32 bit 频率调节字和 8 bit 相位控制字。D_7 也可作为 40 bit 串行数据字的输入端。

管脚 5 和管脚 24(DGND):数字地。

管脚 6 和管脚 23(DV_{DD}):数字电源。

管脚 7(W - CLK):字装载时钟,用于装载并行或串行的频率/相位/控制字。

管脚 8(FQ - UD):频率更新,当时钟上升沿到来时,DDS 将更新输入寄存器的频率/相位,然后将指针指向字"0"。

管脚 9(CLKIN):参考时钟输入,可以是一个连续的脉冲串或是在 $1/2V_{CC}$ 偏压下的正弦波输入。

管脚 10、管脚 19(AGND):模拟地。

管脚 11、管脚 18（AV_{DD}）：模拟电压端。

管脚 12（R_{SET}）：DAC 外接电阻,该电阻决定 DAC 输出电流的最大值。对于典型应用（$I_{OUTmax} = 10\ mA$）时,R_{SET}的值为 3.9 kΩ,另一端连接到地线。外接电阻 R_{SET} 与 DAC 输出电流 I_{OUT} 的关系为 $I_{OUT} = 32 \times (1.248V / R_{SET})$。

管脚 13（QOUTB）：比较器的反相输出端。

管脚 14（QOUT）：比较器的同相输出端。

管脚 15（VINN）：比较器的反相输入端。

管脚 16（VINN）：比较器的同相输入端。

管脚 17（BL）：DAC 的基准电压参考值,引线与内部连接。

管脚 20（IOUTB）：DAC 的补偿模拟输出端。

管脚 21（IOUT）：DAC 的模拟电流输出端。

管脚 22（RESET）：主复位端,当该端是高电平时,除输入寄存器外,所有寄存器将被清零,DAC 输出将在下一个时钟周期后变为 cos(0)。

DDS 电路本质上是一个数字分频器,其步进分辨率等于参考时钟频率除以 2^N,N 为频率控制码的 bit 宽度。相位累加器（PHASE ACCUMULATOR）是一个可变步进的计数器,每个时钟脉冲,其值增加一次。当计数器溢出时,它会自动归零,使得信号波形输出一直保持连续。频率控制字控制计数器的计数增量,也就是每个时钟周期相位的增加值。相位增量越大,则相位变化速度越快,输出频率也就越高。AD9850 采用一种专有的算法将截断为 14 bit 的相位值转换为余弦值。这种独特的算法采用很小容量的 ROM 查找表和 DSP 技术来实现,这使得 AD9850 的体积和功耗都很小。输出信号频率、参考时钟、频率控制码之间的关系为

$$f_{out} = (\Delta Phase \times CLKIN) \div 2^{32} \qquad (3-8)$$

式中,$\Delta Phase$ = 32 bit 控制字;$CLKIN$ = 输入参考时钟频率 MHz。

由于 AD9850 输出的是一个采样信号,所以它的输出频谱符合奈奎斯特采样定律。其输出频谱包含主频谱和镜像频率。镜像频率等于时钟频率的整数倍加（减）输出频率。由于 D/A 量化的缘故,镜像频率的幅值以 $\sin(x) \div x$ 为包络滚降变化。一般可以在 D/A 输出端与比较器输入端之间用一个低通滤波器来消除镜像频率的影响。显然,输出信号频率与参考时钟频率之间的关系应该仔细考虑,以防不必要的错误。

3. 关于 AD9850 的编程

AD9850 包含一个 40 bit 寄存器,用来控制 32 bit 频率控制字、5 bit 相位调整字以及断电模式。寄存器可以用并行或者串行方法来写入。

在并行模式下,一个 8 bit 总线用来写寄存器。此时 40 bit 寄存器分为 5 个 8 bit 寄存器。W – CLK 和 FQ – UD 信号用来寻址和加载这些寄存器。在 FQ – UD 的上升沿处,40 bit 控制字被整体置入并生效,同时内部地址指针被复位指向第一个 8 bit 寄存器。在 W – CLK 的上升沿处,8 bit 数据 D[7:0] 被写入地址指针指向的寄存器,然后地址指针自动移动到下一个寄存器。在 5 次写操作之后,多余的写操作将被忽略,除非芯片被复位,或者 FQ – UD 的上升沿复位地址指针。

在串行模式下,每个 W – CLK 上升沿写入 40 bit 中的 1 bit 数据（管脚 25 信号 D_7）。所有的 40 bit 数据都被写入后,一个 FQ – UD 的脉冲使这些写入的值生效。控制数据的具体内容参见表 3 –2 和表 3 –3。

表 3－2　8 位并行装载数据/控制字的功能表

Word	data[7]	data[6]	data[5]	data[4]	data[3]	data[2]	data[1]	data[0]
W_0	Phase－b_4 (MSB)	Phase－b_3	Phase－b_2	Phase－b_1	Phase－b_0 (LSB)	Power-Down	Control	Control
W_1	Freq－b_{31} (MSB)	Freq－b_{30}	Freq－b_{29}	Freq－b_{28}	Freq－b_{27}	Freq－b_{26}	Freq－b_{25}	Freq－b_{24}
W_2	Freq－b_{23}	Freq－b_{22}	Freq－b_{21}	Freq－b_{20}	Freq－b_{19}	Freq－b_{18}	Freq－b_{17}	Freq－b_{16}
W_3	Freq－b_{15}	Freq－b_{14}	Freq－b_{13}	Freq－b_{12}	Freq－b_{11}	Freq－b_{10}	Freq－b_9	Freq－b_8
W_4	Freq－b_7	Freq－b_6	Freq－b_5	Freq－b_4	Freq－b_3	Freq－b_2	Freq－b_1	Freq－b_0 (LSB)

表 3－3　40 位串行装载数据功能表

W_0	Freq－b_0 (LSB)	W_{14}	Freq－b_{14}	W_{28}	Freq－b_{28}
W_1	Freq－b_1	W_{15}	Freq－b_{15}	W_{29}	Freq－b_{29}
W_2	Freq－b_2	W_{16}	Freq－b_{16}	W_{30}	Freq－b_{30}
W_3	Freq－b_3	W_{17}	Freq－b_{17}	W_{31}	Freq－b_{31} (MSB)
W_4	Freq－b_4	W_{18}	Freq－b_{18}	W_{32}	Control
W_5	Freq－b_5	W_{19}	Freq－b_{19}	W_{33}	Control
W_6	Freq－b_6	W_{20}	Freq－b_{20}	W_{34}	Pouer－Down
W_7	Freq－b_7	W_{21}	Freq－b_{21}	W_{35}	Phase－b_0 (LSB)
W_8	Freq－b_8	W_{22}	Freq－b_{22}	W_{36}	Phase－b_1
W_9	Freq－b_9	W_{23}	Freq－b_{23}	W_{37}	Phase－b_2
W_{10}	Freq－b_{10}	W_{24}	Freq－b_{24}	W_{38}	Phase－b_3
W_{11}	Freq－b_{11}	W_{25}	Freq－b_{25}	W_{39}	Phase－b_4 (MSB)
W_{12}	Freq－b_{12}	W_{26}	Freq－b_{26}		
W_{13}	Freq－b_{13}	W_{27}	Freq－b_{27}		

　　注意:有一些特定的编码是制造商用来测试芯片的,会造成 AD9850 暂时无法使用。用户应该尽量避免输入这些编码,如表 3－4 示。

表 3－4　厂家保留内部测试控制码

装载格式	厂家保留码
并行	1. W_0 = XXXXXX10 2. W_0 = XXXXXX01
串行	1. W_{32} = 1;W_{33} = 0 2. W_{32} = 0;W_{33} = 1 3. W_{32} = 1;W_{33} = 1

三、设计指标要求

（1）实现正弦波、方波、锯齿波及 FM 调制信号输出,FM 调制信号频偏在 0～100 kHz。

（2）信号输出幅值(FM 和正弦波)为 200 mV,其余信号输出幅值为 TTL 电平。

（3）信号输出阻抗:50～70 Ω。

四、设计内容要求

（1）采用 AD9850 或其他 DDS 芯片,按照上述指标设计制作出信号源。

（2）完成整体电路的设计与调试制作。

（3）写出实验设计报告,报告内容要有电路原理且数据齐全,总结心得体会。

题目六 锁相频率合成器的设计

一、实验目的

（1）掌握锁相环及数字频率合成器原理。

（2）利用数字锁相环 CD4046 设计制作频率合成器。

（3）利用有源滤波器将 CD4046 输出方波变为正弦波。

二、实验原理

1. 锁相频率合成器原理

锁相频率合成器是基于锁相环路的同步原理,由一个高准确度、高稳定度的参考晶体振荡器,合成出许多离散频率。即将某一基准频率经过锁相环(PLL)的作用,产生需要的频率。原理框图如图 3 - 32 所示。

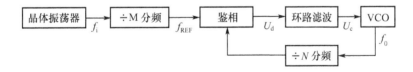

图 3 - 32 PLL 合成器原理框图

由图 3 - 32 可知,晶体振荡器的频率 f_i 经 M 固定分频后得到步进参考频率 f_{REF},将 f_{REF} 信号作为鉴相器的基准与 N 分频器的输出进行比较,鉴相器的输出 U_d 正比于两路输入信号的相位差,U_d 经环路滤波器得到一个平均电压 U_c,U_c 控制压控振荡器(VCO)频率 f_0 的变化,使鉴相器的两路输入信号相位差不断减小,直到鉴相器的输出为零或为某一直流电平,这时称为锁定。锁定后的频率为 $f_i/M = f_0/N = f_{REF}$ 即 $f_0 = (N/M)f_i = N \cdot f_{REF}$。当预置分频数 N 变化时,输出信号频率 f_0 随着发生变化。

锁相环中的滤波器时间常数决定了跟随输入信号的速度,同时也限制了锁相环的捕捉范围,详细原理见参考书[1]。

2. CD4046 锁相环工作原理

数字锁相环 CD4046 由两个鉴相器、一个压控振荡器、一个源极跟随器和一个齐纳二极管组成。鉴相器有两个共用输入端 PCAIN 和 PCBIN,输入端 PCAIN 既可以与大信号直接匹配,又可间接与小信号相接。自偏置电路可在放大器的线性区调整小信号电压增益。鉴相器 I 为异或门,鉴相器 II 为四组边沿触发器。由于 CD4046 的两个鉴相器输入信号均为数字信号,所以称 CD4046 为数字锁相环。压控振荡器的输出除受输入电压的控制外,还受禁止端 INH 的控制。当禁止端 INH 为高电平时,禁止 VCO 和源极跟随器工作;当禁止端 INH 为低电平时,允许 VCO 和源极跟随器输出。齐纳二极管用来辅助电源电压的调整。CD4046 的功能框图和管脚排列如图 3 – 33 所示。

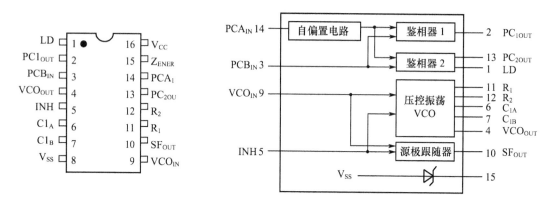

图 3 – 33 CD4046 管脚排列和功能框图

由于鉴相器 I 为异或门,使用时要求两个输入信号必须都是占空比为 50% 的对称方波,此时它的鉴相范围是 $0 \sim \pi(\text{rad})$,否则线性鉴相范围将减小。在频率合成器中,由于环路中的分频器输出信号一般都不是对称方波,故都不使用鉴相器 I 。

鉴相器 II 为四组 RS 边沿触发器,它具有鉴相/鉴频的功能,不像鉴相器 I 依靠电平鉴相,鉴相器 II 是依据脉冲边沿进行鉴相,对占空比无特殊要求,因而常使用在频率合成器中。鉴相器 II 在不同输入相位差下输出的时域波形及鉴相特性曲线如 3 – 34 所示。

因为鉴相器 II 输出级是由一个增强型 P 沟道场效应管和一个增强型 N 沟道场效应管组成的三态驱动电路,当管脚 PCAIN 上的参考频率 f_{REF} 高于管脚 PCBIN 上的比较信号频率时,鉴相器 II 输出管脚 PC2OUT 电压中的直流分量增加,这一增加的直流分量控制 VCO 振荡频率 f_0 迅速提高;当 f_{REF} 低于管脚 PCBIN 上的比较信号频率时,管脚 PC2OUT 电压中的直流分量减小,而这一减小的直流分量控制 VCO 振荡频率 f_0 迅速降低。管脚 PC2OUT 的脉冲宽度表明了相位差 θ_e 的大小,当两个输入信号相同时,则输出呈高阻状态。

VCO 的输出频率最高不超过 1.5 MHz(74HC4046 为 15 MHz 左右),决定振荡频率的不仅和电源电压有关,而且与外接阻容元件有关。振荡频率的定时元件有 R_1、R_2 和电容 C_1,无信号输入时,VCO 将振荡在最低频率上。当使用不同电源时,C_1 与 f_0 的关系、C_1 与 f_{min} 的关系、R_1/R_2 和 f_{max}/f_{min} 的关系如图 3 – 35(a)、(b)、(c)所示。

3. 参数测量与分析

(1) VCO 的压控灵敏度 K_0 与线性度 η。

78

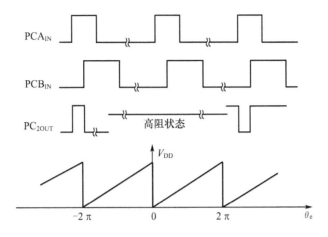

图 3 – 34　鉴相器 II 的时域波形和鉴相特性

前已指出,VCO 的压控灵敏度是单位电压控制下,VCO 输出角频率的变化量,记作 K_0 (rad/s · v),定义为

$$K_0 = (\omega_{max} - \omega_{min})/(U_{Cmax} - U_{Cmin}) \qquad (3-9)$$

理想的压控灵敏度 K_0 应是不变的,但实际中的 K_0 是变化的,这样压控特性是非线性的,通常用线性度 η 参量来描述线性程度,η 越接近于 1 越好,η 的定义为

$$\eta = K_{0max}/K_{0min} \qquad (3-10)$$

(2) ω_n、ξ 及 t_c 的测量与计算。

ω_n 为环路的自然谐振角频率,ξ 为阻尼系数,t_c 为频率转换时间(即频率合成器输出从某一频率跳变到另一频率的时间)。

环路锁定后,相位差 θ_e 为常量,鉴相器输出电压 U_d 是直流电压,环路滤波器输出 U_c 也为直流电压,用示波器可观测 U_c 的状态变化,判定环路是否入锁。改变分频比 N 的数值,环路即刻失锁,若频差在捕捉带内,经短时间频率的牵引,又进入锁定状态。频率合成器从失锁到入锁的时间,称为频率转换时间 t_c。实际测量时,可用一低频 TTL 信号源接到 N 分频器预置码的某一位上。利用低频信号源的高低电平,取代对应的两个可预置码,再用示波器同时观测信号源波形和 U_c 点的波形,从示波器上读出峰值时间 t_m 和频率转换时间 t_c 的特征参数。对应波形如图 3 – 36 所示。

图 3 – 36 表明,在 TTL 方波的控制下,环路分频比 N 周期性的改变。鉴相器输出一个周期性频率阶跃信号,U_c 从某一电压开始(U_{c1} 或 U_{c2}),经历一个瞬态响应过程,完成频率牵引和相位锁定,达到新的稳态直流电压(U_{c1} 或 U_{c2})。可以利用 t_c 和 t_m 换算出阻尼系数 ξ 和自然谐振角频率 ω_n。它们分别为

$$\xi = 4t_m/\sqrt{(4t_m)^2 + (\pi t_c)^2} \qquad (3-11)$$

$$\omega_n = \pi/t_m \sqrt{1-\xi^2} \qquad (3-12)$$

CD4046 中不包含环路滤波器,内部的鉴相器和压控振荡器相互独立,使用者可根据不同要求,合理地设计出环路滤波器参数,由于 VCO 的输入阻抗极高,在设计环路滤波器时可以不考虑其影响。因锁相环是一个典型的自控系统(即相位反馈控制系统),ω_n 和 ξ 是两个重要参

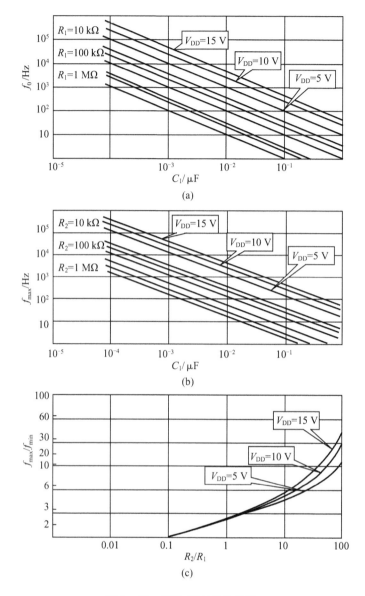

图 3 – 35 VCO 频率特性参数

量,它对环路的性能影响很大。ξ 过大时,环路滤波特性变差,输出相位噪声增大;ξ 过小,在频率转换过程中,U_c 的瞬态过冲较大,导致 t_c 加长。通常取值范围是

$$\xi = 0.5 \sim 1$$

$$\omega_n \geqslant 4/\xi \cdot t_c$$

由频率合成器的步进间隔 f_{REF} 和工作频率范围,可计算出分频比 N 的变化范围。一般取在 $f_{min}/f_{REF} \leqslant N \leqslant f_{max}/f_{REF}$。

环路滤波器通常使用 RC 积分滤波器和无源比例积分器,如图 3 – 37(a)和 3 – 37(b)所示。

对于使用 RC 积分器的频率合成器,有

$$R = K_d K_0 / N_{max} \cdot \omega_n \cdot C \qquad (3 – 13)$$

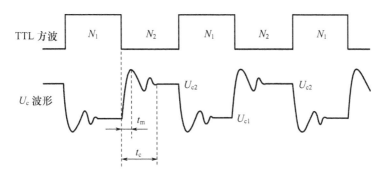

图 3 - 36 分频比 N 改变时的波形

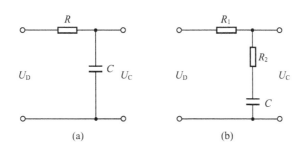

图 3 - 37 两种环路滤波器
(a) RC 积分器；(b) 无源比例积分器

式中，K_d 是鉴相灵敏度，对数字电路的鉴相器，K_d 是固定值。CD4046 鉴相器 II 鉴相灵敏度为 $K_d = V_{DD}/2\pi$（V/rad）。电容 C 的取值范围为 $0.01 \sim 0.1$ μF。

对于使用无源比例积分器的频率合成器，有

$$R_2 = 2\xi/C\omega_n - N_{max}/CK_dK_0 \qquad (3-14)$$

$$R_1 = K_dK_0/N_{max}C\omega_n^2 - R_2 \qquad (3-15)$$

值得提到的是，若采用一节 RC 积分器作为环路滤波器，它的稳定性、频率捕捉范围等性能较差，因此应用较少。无源比例滤波器具有两个独立的时间常数，因此 ω_n 和 ξ 大体上能独立选择，这种灵活性使它获得广泛应用。

4. 总体设计方案

总体设计方案的参考框图如图 3 - 38 所示。方案要求频合器的工作范围在 $100 \sim 250$ kHz，输出为正弦波等。

数字锁相环 CD4046 中的 VCO 输出为单极性多谐振荡方波，若要输出正弦波，必须滤除其中的直流和谐波成分。由于最低输出频率 100 kHz 的二次谐波为 200 kHz，可将整个工作频段划分成 $100 \sim 160$ kHz 及 $170 \sim 250$ kHz 两个频段，两段频率分别由两片 CD4046 中的 VCO 产生。因 CD4046 的管脚 5 加低电平时 VCO 起振、加高电平停振（VCO 高阻输出），此管脚可作为两片 VCO 频段切换的片选控制管脚。CD4046 中集成了两个鉴相器，即 PD I 和 PD II，前者为异或门（不用），后者是触发器型鉴相器（选用）。两片 CD4046 中，仅使用一片内的鉴相器，另一片仅使用其中的 VCO。

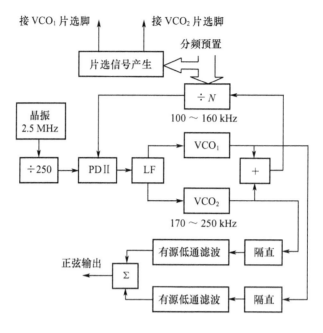

图 3 − 38　总体框图

建议"有源低通滤波器"使用二阶型,采用 ± 5V 双电源供电;"隔直"可以用简单的 RC 高通滤波电路。

分频器限定采用计数器 74LS163。当采用两片 74LS163 组成 N 分频器时,每片的预置端(ABCD)要置入数码。其中一片的 A 端作为片选信号,经反门连至 VCO_1,不经反门连至 VCO_2。此外,也可选用其他方法。

三、主要设计指标

(1)输出频率范围:100 ~ 250 kHz,频率步进间隔 10 kHz。
(2)限定使用数字锁相环 CD4046,要求输出信号为正弦波。
(3)在频率转换 10 kHz 步进间隔时,要求频率转换时间小于 5 ms。
(4)设计使用 ±5 V 双路稳压电源。

四、设计内容要求

(1)自行设计全部电路,初步计算确定锁相环 CD4046 外围元件参数。
(2)制作与调试电路,测量 VCO 压控特性和灵敏度,测量频率转换时间,测出各个锁定频点,完成设计功能指标要求。
(3)绘制出整体电路,整理测试数据,并与计算数据对比,若有不同分析其原因。
(4)写出设计报告。报告内容要求电路、数据齐全,按时上交。

题目七　红外遥控发射/接收器的设计

一、实验目的

(1) 通过实验掌握红外遥控的原理,熟悉红外遥控发射/接收的传输、编码调制/解调的过程。

(2) 熟悉 MC145026/MC145027 编码/译码器和 CX20106A 红外接收芯片的功能及应用。

(3) 用 MC145026/MC145027 和 CX10206A 芯片设计制作一个 8 路红外遥控器,完成电路调试及数据测试,写出书面总结报告。

二、实验原理

1. 红外发射/接收二极管的特点

红外光波也是一种电磁波,在电磁波频谱中光波的波长为 0.01 ~ 100 μm,其中红外光的波长为 0.76 ~ 1.5 μm。红外遥控利用近红外光来传送遥控指令,目前红外发射器件(红外发射二极管)与红外接收器件(红外接收二、三极管)的峰值波长为 0.88 ~ 0.94 μm,恰好位于近红外光波段内。红外线为不可见光,对周围环境影响很小,它的波长远小于无线电波的波长,不会影响邻近的无线电设备。在透明的大气中传播特性比可见光好得多,并且它的直线传播、反射、折射和被物质吸收等物理特性与可见光非常相似,可以采用与可见光相同的聚焦透镜装置。

红外发射管实际上是一种特殊的发光二极管,它的作用是完成"电→光"转换,红外光一般也具有反射效应,但不能直接遮挡。红外发射管的驱动电流一般为 50 ~ 100 mA。红外接收管则完成"光→电"转换的作用,它的工作电流一般只有几十微安。实验用的红外发射/接收二极管型号为 PH301 和 PH302。

2. MC145026 编码器的工作原理

MC145026 由时钟振荡器、分频器、地址编码/数据编码输入电路以及数据选择与缓冲器等几部分组成。时钟振荡器和分频器向编码电路提供基准时钟。地址编码/数据编码输入电路将不同的地址和控制数据码编为相应信号。编码方式是以不同的脉冲宽度组合表征不同的地址码和控制数据。数据选择与缓冲电路将编码电路的并行码变为串行码输出。

MC145026 共有 9 条地址线 A_1 ~ A_9,最多有 512 个不同地址;其中 4 条与地址复用的数据线 D_6 ~ D_9,使用 4 位编码输入,16 种编码状态。编码以串行方式由管脚 Dout(管脚 15) 输出。通常,在遥控编码传输中,地址线主要用来区分"路别",而数据线可用于控制被选为路的"量别"变化,如不用"开路"编码状态,要实现 m 路控制且每路有 n 个受控"量别"编码,则有:$m \leqslant$ 32 及 $n \leqslant 16$;如果仅仅需要进行"路别"控制编码,无需各路的"量别"控制,则发送的编码将视为 9 位地址编码,则此时 $m \leqslant 512$。应当注意的是,如果 MC145026 与译码器 MC145027 配对使用,则只能采用"5 位地址线及 4 位数据线"的固定编码传送模式;如果 MC145026 与译码器 MC145028 配对使用,则只能采用"9 位地址线"的固定编码传送模式。管脚 TE 为发射使能端,当该管脚上为负脉冲时,允许发射一组地址、数据码,当该管脚接低电平时连续发射编码。

该器件的地址线和数据线采用并行编码复用输入,码状态为 1、0 和开路三种状态,通常仅使用前两种编码状态,每个编码的码元宽度对应编码器内部的 8 个时钟周期,主要靠脉冲占空比大小区分编码状态,三种状态编码波形如图 3 - 39 所示。

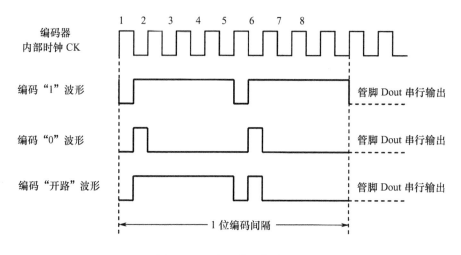

图 3 – 39　编码器工作波形

MC145026 内部振荡频率的典型运用范围一般选择为 4 ~ 9 kHz。外接阻容元件 R_S、R_{TC}、C_{TC} 的参数值决定了内部时钟频率,原则上要求内部振荡频率范围为 $1 \leqslant f_{osc} \leqslant 400$ kHz。其中应满足 $R_S = (2 ~ 5)R_{TC}$,一般情况当 $R_S \geqslant 20$ kΩ、$R_{TC} \geqslant 10$ kΩ、400 pF $< C_{TC} < 15$ μF 时,通常遵循以下原则确定内部振荡频率

$$f_{osc} = \frac{1}{2.3 R_{TC} C'_{TC}} \tag{3 – 16}$$

式中,$C'_{TC} = C_{TC} + 20$ pF。

一般而言,简单的红外遥控发射器主要由键盘、预编码、编码、幅值键控调制和红外发射管几部分组成。因为 MC145026 的输入端是二进制码,可直接用拨码开关代替预编码器,此时使用 MC145026 的 8 路遥控编码器,应用电路如图 3 – 40 所示。

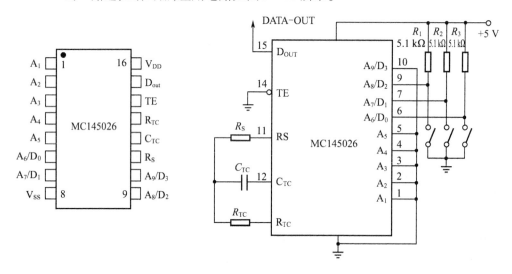

图 3 – 40　8 路编码输出管脚排列和电路原理图

在红外遥控系统中,有脉冲数目编码和脉冲宽度编码两种信号,这两种信号大多为矩形波的脉冲信号,一般编码输出频率较低,为了提高抗干扰能力,应进行付载波调制。调制的方法有两种,一种是频率键控调制方式(FSK),另一种为幅值键控调制(ASK)。付载频频率一般选在 35 ~ 50 kHz。若编码器频率较高,也可不用进行频率调制。

MC145026 是脉冲编码器,调制的方式应为幅值键控调制。载波振荡器可用分立器件或集成电路等。调制输出驱动红外发射管,驱动电流 50 ~ 200 mA 不等,视具体发射管型号而定。如果采用 NE555 芯片作为幅值键控调制器,其输出电流一般可以驱动红外发射管;如果用门电路作为幅值键控调制器,需用三极管(如 9013)作为驱动级,调制输出接三极管基极、发射极接地、集电极接红外发射管负极,再串接一个限流电阻后接 +5 V 电源,两种调制如图 3 - 41 所示。

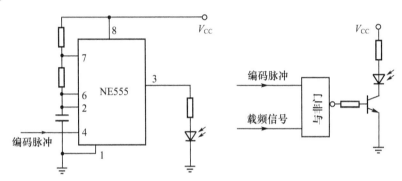

图 3 - 41　两种调制电路

3. MC145027 译码器工作原理

MC145027 由地址编码输入电路、数据分离电路、逻辑控制电路、移位寄存器、数据锁存与缓冲器等几部分组成。解调后的串行 BCD 码信号由 D_i 输入,经数据分离电路将地址码与数据码分离。当接收到 MC145026 发送的第一串编码脉冲时,若与 MC145026 设定的地址码一致,则将数据码送入寄存器,并由串行码变为并行码,待第二次接收编码中的地址码再次吻合,并将两次数据编码进行对照,若数据相同,才有输出地址和数据编码。也就是说,只有连续两次收到完全相同的地址和数据编码后才将编码推进输出锁存器。同时管脚 V_T 在两次接收到有效传输编码后电平由低变高,表示译码有效。虽然 MC145026 可以使用三种编码状态,但数据一般都是逻辑 1、0 状态,MC145027 会将三态中的"开路"状态译码为逻辑 1。

MC145027 同样需要外接阻容元件,其管脚 6、7 接的是产生内部接收判决时钟需要的 RC 元件,时间常数 R_1C_1 应设置为 1.72 ×(编码器 MC145026 时钟周期),即

$$R_1C_1 = 3.95R_{TC}C_{TC} \tag{3 - 17}$$

R_2C_2 为管脚 10 到"地"并联的一组元件,且时间常数 $R_2C_2 = 33.5 ×$(编码器 MC145026 时钟周期),即

$$R_2C_2 = 77R_{TC}C_{TC} \tag{3 - 18}$$

R_{TC} 和 C_{TC} 为 MC145026 的外接 RC 元件参数。

在 MC145026 与 MC145027 配对使用时,编码器 MC145026 和译码器 MC145027 的内部时钟频率要一致,同时满足式(3 - 17)和式(3 - 18)可以保障这一点。

MC145027 的管脚排列和典型应用如图 3-42 所示。

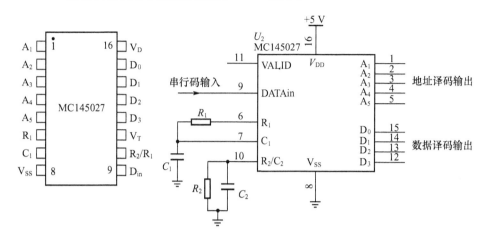

图 3-42 MC14502 管脚排列和典型作用

译码器 MC145027 对前端接收电路输出的串行编码进行译码,以并行输出方式给出译码结果(MC145027 为二进制码),为满足 8 路控制要求,对二进制码要进行二次译码,将二进制变为十进制,可用 3-8 译码器或 3-16 译码器。显示可用发光二极管代替(注:发光二极管的电流最大为 10 mA,电路中须加限流电阻)。

4. CX20106 芯片的基本工作原理

红外接收管与红外发射管的接收/发射波长是相同的,如前所述。接收管完成"光→电"转换,其输出的电信号就是幅值键控信号(如采用调制),且十分微弱,一般需要放大到峰-峰值 1.5~2 V 后进行幅值检波,然后进行放大整形,将信号变成逻辑电平,作为 MC145027 的 D_{in} 脚输入。红外接收前级电路如图 3-43 所示。

图 3-43 红外接收器的原理框图

对于红外接收管输出的微弱信号,可采用 2~3 级晶体管放大,然后进行二极管包络检波和放大整形。也可采用红外专用集成前置放大器进行放大。CX20106 芯片由前置放大器、限幅放大器、带通滤波器、检波器、积分器及整形电路构成。其中还有电平自动控制电路(ABLC),它可保证在输入弱信号时,前置放大器有较高的增益(约为 70 dB),输入强信号时前置放大器不会过载,保证在一定的距离内工作可靠。内部设置的滤波器中心频率由管脚 5 外接电阻调节,范围可从 30~60 kHz。典型应用如图 3-44 所示。

图 3-44 中由管脚 2 可实现电平自动控制,改变管脚 2 的电容和电阻,可以调整前级放大器的增益,管脚 3 的电容为检波电容,管脚 5 为滤波器的中心频率调整电阻,管脚 7 接输出负载电阻,管脚 4 接地,管脚 8 是电源。

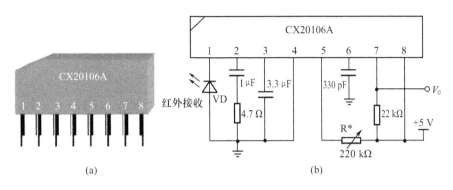

图 3 - 44 CX20106 的典型应用

三、主要技术指标

设计一个 8 路红外遥控器电路,主要技术指标为

(1) 码元速率:400 b/s。

(2) 调制方式:幅值键控,载频 40 kHz。

四、设计内容要求

(1) 依照题目要求,确定系统总体方案,绘制出全部电路原理图。

(2) 实现电路的安装调试,整理测试有关数据,并与计算数据对比,若有不同分析其原因。

(3) 写出设计报告。报告内容要求电路、数据齐全,并按时上交。

题目八　多路数字无线遥控电路的设计

一、实验目的

(1) 掌握数字脉冲宽度编码/解码原理,通过实验熟悉无线遥控传输的调制和解调。

(2) 熟悉集成芯片 LM1871 和 LM1872 的功能和应用。

(3) 熟悉晶体振荡器的工作原理和丙类放大器的工作原理。

(4) 学会设计制作电路中各类谐振回路电感线圈。

(5) 以 LM1871 和 LM1872 芯片为核心,设计制作一个 16 路或 64 路的无线遥控器。并完成电路的调试及数据测试,写出书面报告。

二、实验原理

1. LM1871 发射编码器简述

LM1871 和 LM1872 是一对专用无线遥控集成电路,因内部结构很复杂,这里不再细讲。总体来讲,LM1871 的内部功能如图 3 - 45 所示,可分为逻辑编码、帧定时、脉冲定时和高频发射等几部分。一般应用如图 3 - 46 所示。

逻辑编码器主要实现同步脉冲、位编码(共有 6 位编码),前一个同步脉冲的下降沿到下一个同步脉冲的下降沿称为一帧,帧周期记为 T_F,T_F 的长短由管脚 7 的外接电阻 R_9 和电容 C_7

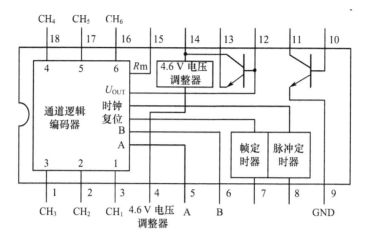

图 3 - 45　LM1871 内部框图

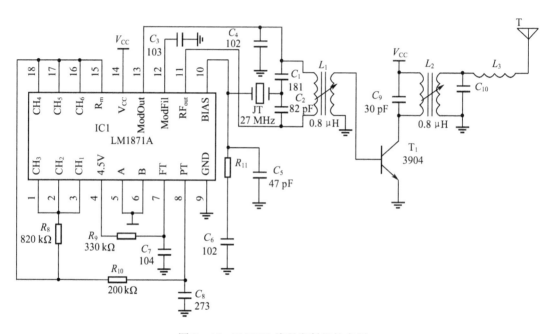

图 3 - 46　LM1871 编码发射机的应用

决定,原则上 T_F 要大于位编码($CH_1 \sim CH_6$)加上间歇时间的总长度。位编码的脉冲宽度,由相关的位与管脚8的外接电阻($R_8 + R_{10}$ 或 R_{10})和电容 C_8 决定。通常帧周期 T_F 为 20 ~ 25 ms,宽码 T_n (宽脉冲为"1")为 1.5 ~ 2 ms,窄码 T_c (窄脉冲为"0")为 0.5 ms,间歇时间 T_m 为 0.5 ms。若位编码($CH_1 \sim CH_6$)都为宽脉冲时,帧周期 $T_F > 6T_n + 7T_m$,它的逻辑编码波形输出(管脚12)和调制信号输出波形如图 3 - 47 所示,图中的 1 ~ 6 信号脉冲分别代表 $CH_1 \sim CH_6$ 的位码。

LM1871 的管脚5(A)和管脚6(B)控制每帧编码脉冲的位数,同时控制 LM1872 的数字端管脚7和管脚9,使 LM1871 位脉冲在 3 ~ 6 之间变化(A、B 低电平有效)。逻辑功能见表 3 - 5 所示。

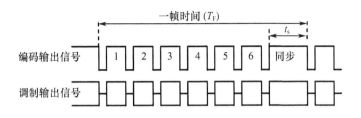

图 3 – 47　编码与调制输出波形

表 3 – 5　逻辑功能表

| LM1871 | | 每帧编码脉冲的位数 | LM1872 | |
A	B		管脚7	管脚9
通	通	6	低	低
断	通	5	高	低
通	断	4	低	高
断	断	3	高	高

高频发射部分包括高频振荡和调制电路,为简单说明它的原理,绘出图 3 – 48 电路图。图中 T_1 和 T_2 是 LM1871 内部三极管,振荡器由 JT、C_1、C_2、L_1、R_{11}、C 和 T_1 组成,产生高频等幅振荡,振荡的频率由晶体 JT 决定,R_{11} 为 T_1 提供偏置电压,C_1 和 C_2 是振荡器的反馈系数,由于 T_2 基极是编码脉冲,并且 T_2 的集电极接 LM1871 芯片内部电源,T_2 的导通与截止控制 T_1 振荡与否,实现了脉冲调幅的发射。为提高发射的功率和效率,加一级丙类放大器,关于丙类放大器的原理,不再复述,请参考有关教科书。

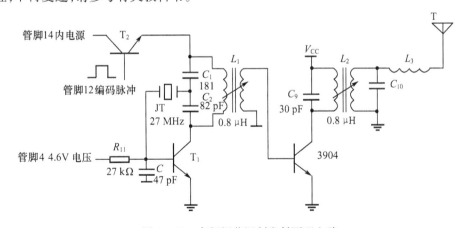

图 3 – 48　高频振荡调制发射原理电路

图 3 – 48 中,L_2 副方和 C_{10} 组成选频电路,当这个回路调谐在主振频率时,可以有效地减少谐波成分。电感 L_3 用于抵消天线上的分布电容影响。

LM1871 的电源电压可在 9 ~ 15 V 中使用,载波频率在 27 ~ 49 MHz。

需要指出的是,编码器的 6 位码为 BCD 码,最多实现 $2^8 = 64$ 个控制动作,如何达到本设计的要求,用什么电路实现与 LM1871 芯片输入端的接口,请认真思考。

89

提示：可用单片机实现十进制到 BCD 码转换，也可用大规模可编程器件（CPLD）电路实现，数字电路也可以，方案很多，任选一种。接口最好采用模拟开关控制 6 位编码输入端与 R_8 或 R_{10} 的连接。使用时 BCD 输入端不能悬空，否则无编码输出。

2. LM1872 接收解码器原理简述

LM1872 接收解码原理前部分类似 AM 收音机，主要产生本振、混频、中放、检波。不同的是此芯片还有数字和模拟输出控制功能，能实现简单的 4 路数字控制和 4 路模拟控制，因后半部不是本设计所需，前半部分原理也很简单，限于篇幅这里不再阐述，LM1872 接收解码芯片内部原理如图 3-49 所示。

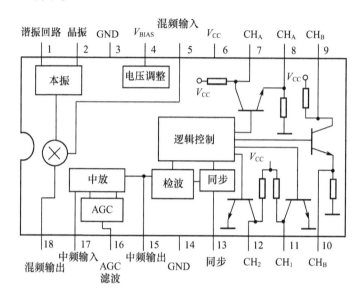

图 3-49　LM1872 接收解码芯片内部原理

为提高接收机的灵敏度，在 LM1872 的前端加入两级放大器，由 VT_1 和 VT_2 组成共射、共基电路。使用共射、共基电路的主要原因是，此类谐振放大器具有工作稳定、噪声低，加上 VT_1 采用 2SC763 低噪声三极管，对提高整机的灵敏度，很有好处。若不考虑灵敏度，可以去掉这两级放大和 L_2 谐振回路。

从天线接收到的信号，经输入选频谐振回路给两级放大器，再经选频谐振回路 L_2C_5 输出给 LM1872 的输入端，为防止大信号或干扰信号对输入端的影响，在管脚 4 和管脚 5 加一个限幅二极管。解调后的信号从 LM1872 的管脚 13 输出，再经整形放大，还原出串行输出编码。接收机原理图如图 3-50 所示。波形图如图 3-51 所示。

从前面电路的分析不难看出，发射机发出的射频编码脉冲包含了各种指令信号，例如同步脉冲和不同位数控制脉冲等。整形放大后的串行码还不能直接用于各种控制，必须将串行码再"译码"才成为各种指令控制码。

译码可用单片机或 CPLD 等来实现。这部分的工作留给大家来设计，但不论用什么方案，都要考虑抗干扰的问题，尤其是各种工业干扰。

3. 选频谐振回路线圈的制作

发射与接收选频谐振回路的线圈共有三种。发射机的 L_1、L_2 与接收机的 L_2、L_3 采用 $\Phi0.2$

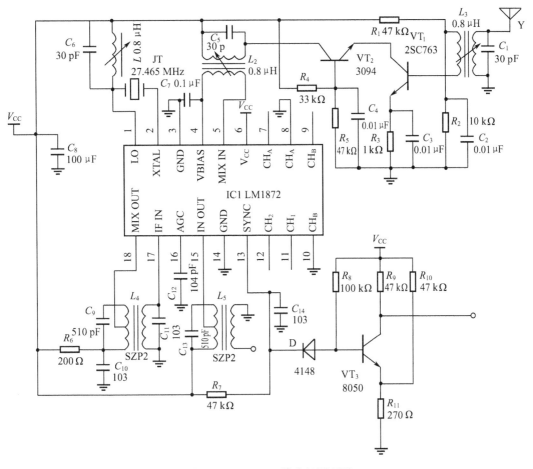

图 3-50 LM1872 接收机原理图

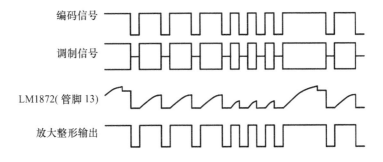

编码信号

调制信号

LM1872(管脚 13)

放大整形输出

图 3-51 编码为 000111 的接收解码波形图

漆包线,在 10 k 型骨架上初级绕 9 圈,次级绕 3 圈,电感量在 0.8 μH 左右;接收机的 L 绕 9 圈,无次级;L_4 和 L_5 采用 TTF 或 SZP 型中周代替;发射天线的匹配线圈 L_3 采用 $\varPhi1$ 漆包线绕成 $\varPhi10$ 的空芯电感,10 圈左右。

三、主要技术指标

(1) 发射机输出功率≥20 mW,使用 9 V 电源。

（2）根据题目要求，自己设计十进制到 BCD 码的转换和接口电路。

（3）接收机灵敏度≤50 μV，使用 6 V 电源。

（4）根据接收解调后的码型，自己设计 16—64 路译码器。

（5）接收距离≥30 m。

四、设计内容要求

（1）按题目要求，在印制板上安装调试发射和接收电路，并完成 BCD 码转换和译码电路的制作。

（2）测量接收灵敏度及实际接收距离。

（3）实现电路的安装调试，整理测试有关数据，并与计算数据对比，若有不同，分析其原因。

（4）写出设计报告。报告内容要求电路、数据齐全，并按时上交。

第四章　常用实验仪器简介

一、SG1026 型双低频信号发生器

SG1026 型信号发生器是一台多功能、宽频带低频信号发生器,它可产生 1 Hz ~ 1 MHz 的正弦波信号,输出电压有效范围为 0 ~ 6 V(有效值),标准输出阻抗为 600 Ω。同时产生 1 Hz ~ 1 MHz的脉冲信号和逻辑信号(TTL),脉冲信号的幅值和宽度连续可调,脉冲信号和逻辑信号输出阻抗为 50 Ω。用数码管(LED)显示频率。其电路原理框图如图 4 – 1 所示。

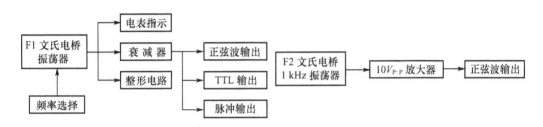

图 4 – 1　SG1026 电路原理框图

1. 主要性能指标

频率范围:1 Hz ~ 1 MHz;

共分六个频段:

Ⅰ	1 ~ 10 Hz	Ⅱ	10 ~ 100 Hz
Ⅲ	100 Hz ~ 1 kHz	Ⅳ	1 ~ 10 kHz
Ⅴ	10 ~ 100 kHz	Ⅵ	100 kHz ~ 1 MHz

正弦波特性

频率误差:　　　Ⅰ ~ Ⅴ　　　$< \pm (1.5\%f + 0.3)$ Hz

　　　　　　　　Ⅵ　　　$< \pm 2\%f$ Hz

输出电压:0 ~ 6 V

输出衰减:0 ~ 60 dB　　误差 $< \pm 1$ dB;

非线性失真:50 Hz ~ 10 kHz $<0.3\%$,20 Hz ~ 20 kHz $<0.5\%$

矩形脉冲特性

输出幅值:0 ~ 10 V_{p-p}

前后沿时间:T_r、$T_f \leqslant 100$ ns

可调脉冲宽度:40% ~ 60%

TTL 电平特性

输出幅值:高电平 4.5 V ±0.5 V,低电平 <0.3 V

前后沿时间:T_v、$T_t \leqslant 100$ ns

输出阻抗:正弦波 600 Ω, 矩形波 50 Ω

电源电压:220 V ± 22 V 功耗:10 VA

2. 仪器使用方法

图4－2是SG1026型信号发生器面板图,操作方法比较简单,是实验中经常使用的一种低频信号源。

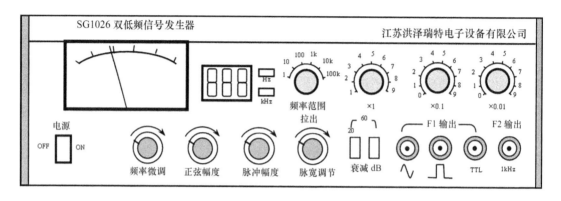

图4－2 SG1026信号源面板图

具体使用方法如下:

(1)接通电源,频率应有显示(取代电源指示),仪器开始工作,由于热敏电阻的作用,开机时振幅会超过正常值,所以开机时,输出电位器不要置于最大位置。

频率选择:根据所要求的频率,把"频率范围"旋钮拨至相应的一挡,然后再用3个十进制"频率调节"旋钮细调到所需的频率,"频率调节"旋钮中"×1"挡、"×0.1"挡和"×0.01"挡是步进式的。当用频率计测量(或用示波器测量显示)其输出时,可能与仪器本身显示的数值不相吻合,要用频率微调旋钮进行修正。

(2)当要求正弦输出时,输出信号直接接在正弦波输出端,输出电平连续可调节,当衰减器在 0 dB 时,电压表指示的满度为 6 V(有效值),衰减20 dB 输出为 0.6 V(有效值)。衰减分别为 20 dB、40 dB、60 dB,适当调节"输出衰减"开关和"输出细调"电位器,便可在"输出"上得到所需的输出电压。输出电压应为电压表指示值乘以"输出衰减"旋钮指示的 dB 数所代表的衰减倍数。dB 数与衰减倍数之间的关系如表4－1所示。

表4－1 dB 数与电压衰减倍数换算表

dB 数	10	20	30	40	50	60	70	80	90
电压衰减倍数	3.16	10	31.6	100	316	1 000	3 160	10 000	31 600

(3)当要求脉冲和TTL输出时,将信号线分别接在相应位置,将"脉宽调整选钮"拉出,此"选钮"同时可调整脉冲和TTL脉冲宽度,脉冲幅度调整只对脉冲输出起作用,对 TTL 无效。衰减按键对脉冲和TTL都无效。

(4)正弦波输出电平可连续调节,当衰减器在 0 dB 时,电压表头刻度指示满度为 6 V。

必须注意:表头刻度对正弦波信号是正确的,对其他信号无效。

(5)当频率超过 500 kHz 时,第三位频率指示误差较大,但不影响整机频率的误差要求。

(6)F2 输出幅值为 $10V_{p-p}$ 值(与电压表头指示无关),频率为 1 kHz。

二、XFG-7 型高频标准信号发生器

XFG-7 型标准信号发生器,是一台工作稳定可靠的通用高频仪器,可以产生频率从 100 kHz ~30 MHz 的等幅波和调幅波信号。其原理框图如 4-3 所示。

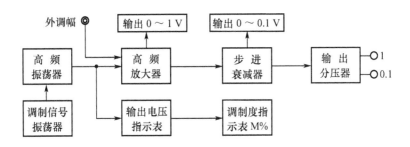

图 4-3　XFG-7 高频信号发生器原理框图

调制信号振荡器产生的 400 Hz 信号或 1 kHz 的低频信号,对兼作振幅调制器的高频放大器进行调制,得到所需的调幅信号,也可从"外调幅输入"端送入音频信号进行调制。

1. 主要性能指标

频率范围:100 kHz ~30 MHz

共分八个波段:

100 ~180 kHz;	180 ~350 kHz;
350 ~700 kHz;	700 kHz ~1.4 MHz;
1.4 ~3 MHz;	3 ~6.5 MHz;
6.5 ~14 MHz;	14 ~30 MHz。

频率刻度误差:不大于 ±1%

输出电压与输出阻抗:输出电压"0 ~1 V"插孔,可用微调旋钮连续调节,输出阻抗为 40 Ω;输出电压为 0 ~0.1 V(以 μV 为单位)插孔:根据"倍乘"旋钮所处的位置不同,可分为 10 μV,100 μV,1 000 μV,10 000 μV 和 100 000 μV 五挡,每个挡可以连续调节,这时输出阻抗仍为 40 Ω。若经带有输出分压器的电缆输出,则输出点"1"信号输出无衰减,输出阻抗为 40 Ω。在接点"0.1",输出信号衰减 10 倍,输出阻抗为 8 Ω。

调幅度范围:0 ~100% 连续可调。

调幅频率:内调制频率为 400 Hz 或 1 kHz;外调制频率,在载频为 100 ~400 kHz 时,为 50 Hz ~4 kHz,其余为 50 Hz ~8 kHz。

电源电压:220 V ±22 V

2. 仪器使用方法

XFG-7 型高频信号发生器的面板示意图如 4-4 所示,使用方法如下:

(1)准备。在接通电源前,先将"V"表和"M%"表机械调零,将"载波调节"、"微调"、"倍

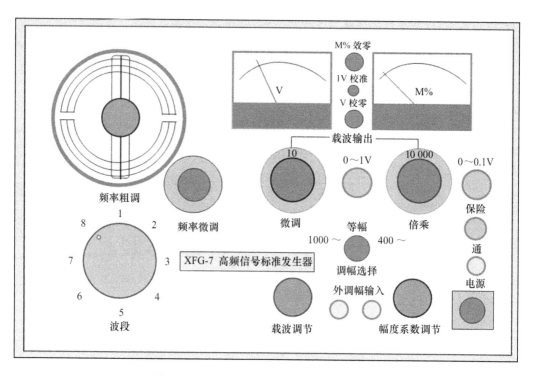

图 4 - 4　XFG - 7 型高频信号发生器的面板图

乘"和"幅度系数调节"旋钮逆时针方向旋转到底,再根据要求,将输出电缆插入相应的插孔,同时将另一插孔用铜帽盖住,以防较强高频信号泄露引起干扰。然后接上电源,预热半小时,再把"波段"开关旋钮旋到任意两挡的中间位置,这时高频振荡器不工作,观察"V"表头是否指在零点,若不在零点,可调节 V 旋钮校正零点,使 V 表头指针指在零点上,这样,准备就绪,可以开始正常工作。

（2）输出等幅波的工作步骤：

① 将"调幅选择"旋钮旋在等幅位置。

② 频率调节。先用"波段"开关选好适用的波段,再用"频率调节"旋钮精确调节到所需频率上,粗调用频率刻度盘中间的旋钮,细调则用刻度盘旁边的微调旋钮。

③ 输出幅值调节。调节"载波调节"旋钮,使"V"表指针指在"1"上,当要求输出电压幅值小于 0.1 V 时,则由"0 ~ 0.1 V"插孔输出,若使用普通输出电缆时,可调节"微调"和"倍乘"旋钮得到所需的输出电压,其大小为"微调"旋钮刻度再乘以"倍乘"旋钮的倍数,例如：频率为 5 MHz,"V"表指示为 1,"微调"指示为 8,"倍乘"指示为 100,则输出电压大小为 $8 \times 100 = 800 \ \mu V$。若使用带输出分压器的电缆,且已接到"0.1"插孔上,则输出电压的大小还要缩小 10 倍,即为 $8 \times 100 \times 0.1 = 80 \ \mu V$。若要求输出电压大于 0.1 V,可以由"0 ~ 1 V"插孔输出,当"V"表调到"1"时,输出电压可直接由"微调"旋钮刻度盘读出。例如"微调"指示为"8",即表示输出电压为 0.8 V。

由于输出电压随频率不同而不同,故当更换频率时,应始终保持 V 表指针指在"1"以上。

（3）输出调幅波的工作步骤：

① 将"调幅选择"旋钮旋到 400 Hz 或 1 kHz（视要求而定）位置,若为外调制仍放在等幅位

置上。

②频率调节与(2)相同。

③调幅度调节。先将"载波调节"旋钮向左旋到头,再用上述办法,校正"V"表零点,然后,用"载波调节"旋钮,使"V"表头指示"1"(否则 M% 表指示不正确),此后用 M% 表"V 校零"旋钮将指针调至零点,最后用"调幅度调节"旋钮调到所需调幅系数(在 0 ~ 100% 范围内)。

若采用外调制,则外调制信号应具有在 20 kΩ 负载上产生约 100 V 电压的能力。

三、SG1040 数字合成函数发生器/计数器

SG1040 数字合成函数发生器/计数器采用大规模 CMOS 集成电路,超高速 ECL、TTL 电路,高速微处理器,电路采取表面贴片工艺。操作界面采用全中文交互式菜单,有效地利用了资源。该仪器具有双通道函数信号、主频范围 10^{-6} Hz ~ 40 MHz,有正弦波输出和 TTL 输出,可实现调幅、调频、调相、FSK、ASK、PSK 等调制功能,是一种多功能信号发生器。

(一) 主要性能指标

主频范围: 10^{-6} Hz ~ 40 MHz

调制频率(速度):0 ~ 10 kHz

CH1 输出波形:正弦波、方波、调制波

CH2 输出波形:正弦波、方波、脉冲波、三角波和各种调制波形等 28 种波形

正弦波失真:0.1% (20 ~ 100 kHz)

正弦波谐波失真: − 50 dB(< 1 MHz)、 − 40 dB(< 6 MHz)、 − 30 dB(< 40 MHz)

方波、TTL 波升降时间: < 15 ns

脉冲波占空系数:0 ~ 100%

脉冲分辨率:1%

输出幅度范围(空载):CH1 0.5 ~ 5 V   CH2 0.5 ~ 10 V

幅频特性:50Ω 负载,2V,10 MHz 内 ≤ ±1 dB;40 MHz 内 ≤ ±2 dB

频率测量范围: 1 Hz ~ 100 MHz

最小输入电压:100 mV(内部衰减断开),1 V(内部衰减闭合)

最大输入电压: < 20 V

(二) 仪器使用方法

SG1040 数字合成函数发生器/计数器,采用全中文交互菜单分级显示,按键采用分组统一功能模式,操作较为简单。它的面板示意图如 4 - 5 所示。

1. 菜单介绍

✚ 快捷键

快捷键如图 4 - 6 所示,它包含【shift】、【频率】、【幅度】、【调频】、【调幅】、【菜单】6 个键,主要功能是快速进入某项功能或常用波形输出。它可分为以下两类。

① 显示屏幕菜单为主菜单时(如图 4 - 8 所示),可通过单次按下【频率】、【幅度】、【调频】、【调幅】按键进入相应的频率、幅值、调频、调幅功能输出。在任何情况下可以通过按下【菜单】键强迫从各种设置状态下进入主菜单。还可以通过按下【shift】键配合【频率】、【幅度】、【调频】、【调幅】、【菜单】按键进入相应的"正弦"、"方波"、"三角波"、"脉冲波"、"上斜

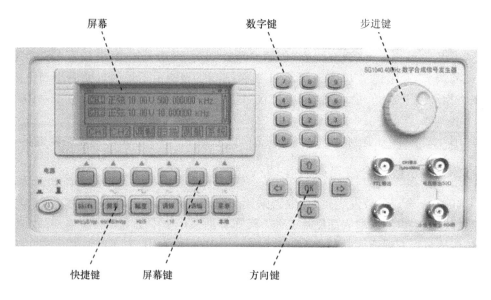

屏幕　　　　　　　　数字键　　　　　　　　步进键

快捷键　　　　　屏幕键　　　　　方向键

图 4-5　SG1040 数字合成函数发生器/计数器面板图

| Shift | 频率 | 幅度 | 调频 | 调幅 | 菜单 |

MHz/μS/V_{PP}　kHz/mS/mV_{PP}　Hz/S　　×10　　÷10　　本地

图 4-6　快捷键

波"的输出。

② 显示屏幕菜单为频率相关的设置时,快捷键所对应的功能是所设置频率单位。例如按下数字键"8",再按下【shift】键,其输出频率是 8 MHz。

显示屏幕菜单为电压幅值相关设置时,快捷键所对应的功能是所设置幅值单位。例如按下数字键"8",再按下【shift】键,其输出频率是 8 V_{p-p}。

注意:快捷键上所标字符的作用并不是任何菜单下都是有效的(除【菜单】键以外)。

✚ 方向键

方向键如图 4-7 所示,分为【Up】、【Down】、【Left】、【Right】、【Ok】5 个键。【Up】、【Down】、【Left】、【Right】功能是移动设置状态的光标和选择功能。例如设置波形时,移动方向按键来选择波形。当屏幕显示为主菜单时(图 4-8 所示),方向按键不起作用。

【Ok】是暂停/继续键,当仪器作为计数器使用时,按下奇数为暂停,偶数为继续,【Left】是清零键。

注意:方向按键是不可移动菜单项的,菜单项要通过屏幕键来选择。

图 4-7　方向键

✚ 屏幕键

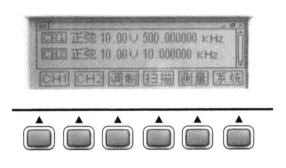

图 4 - 8　屏幕键

屏幕键如图 4 - 8 所示,是对应屏幕显示而产生的特定功能键。为表述方便,从左到右分别叫做【F1】、【F2】、【F3】、【F4】、【F5】、【F6】(若无特殊说明,屏幕键均按此称呼)。

如图 4 - 8 所示,【F1】、【F2】、【F3】、【F4】、【F5】、【F6】分别对应"CH1"、"CH2"、"调制"、"扫描"、"测量"、"系统"。

若选择按【F1】按键,进入第二级菜单,屏幕最下行显示"波形"、"频率"、"幅度"、"偏置"、"返回",【F1】、【F2】、【F3】、【F4】、【F5】按键与其相对应。

✚ 数字键

数字键如图 4 - 9 所示,是专门为快速输入数字量而设计的,由 0 ~ 9 数字键、【·】和【 - 】组成。在数字量设置状态下,可输入任意数字并与【shift】、【频率】、【幅度】按键配合使用(方法见快捷键)。

✚ 旋转脉冲开关

旋转脉冲开关如图 4 - 10 所示,利用旋转脉冲开关可以快速地加、减显示屏上光标所对应的数字量。

图 4 - 9　数字键

图 4 - 10　旋转脉冲开关

✚ 菜单显示介绍

当打开电源开关或者执行"软复位"操作时,可听到一声蜂鸣器响声,表示仪器进入自检的状态,然后进入主菜单。

✚ 主菜单

主菜单显示如图 4 - 8 所示,包括当前输出提示和菜单选项两项。

① "CH1"、"正弦"、5.00 V、500.000 000 kHz 和"CH2""正弦"、5.00 V、10.000 000 kHz 表示"CH1"、"CH2"两个输出通道目前状态。

② 利用菜单选项可改变"CH1"或"CH2"当前的输出设置,也可以利用屏幕键进入其他设

置的二级菜单选项。

例如按下【F1】(对应屏幕显示"CH1"),"CH1"菜单便被激活,进入"通道Ⅰ"二级菜单。

2. 二级菜单

当主菜单中选择了"CH1"时,二级菜单选项有"波形"、"频率"、"幅度"、"偏置"、"返回"共5项,利用【F1】~【F5】再进行选择输出波形或其他参数。

当主菜单中选择了"CH2"时,二级菜单选项有"正弦"、"方波"、"三角"、"脉冲"等波形输出,可利用方向键选择"CH2"的输出波形和利用屏幕键选择其他参数。

当主菜单中选择了"调制"时,二级菜单选项有"调频"、"调幅"、"调相"等,利用方向键选择调制功能,利用屏幕键选择"速度"和"深度","速度"和"深度"分别代表调制频率和调制量。选择"波形"是调制波形。选择"CH1"是载波信号参数。

其中 f_c:500.000 kHz f_Ω:10.000 kHz f_m:10.000 kHz 为设置参数,分别表示载波频率、调制速度(频率)、调制量。

当主菜单中选择了"扫描"时,二级菜单选项有"线性扫描"、"对数扫描"、"三角扫描"、"线性扫幅",可利用方向键来选择。用【F1】~【F5】选择"波形"、"起点"、"终点"等。

当主菜单中选择了"测量"时,二级菜单选项有"计数"、"频率"、"周期"等,其中频率是测量频率,组态是测量时选择衰减或者是选择低通滤波器。

当主菜单中选择了"系统"时,二级菜单选项有"存储"、"加载"、"复位"等,一般不用此功能。

注意:如果感到当前设置特别紊乱,可使用"复位"功能。

3. 具体使用举例

(1)要求"通道Ⅰ"输出一个频率 f_0 = 5 MHz, V_{p-p} = 100 mV 的正弦波。

打开电源开关,当屏幕出现主菜单时(如图4-8所示),按下【F1】键即可出现二级菜单,按【F2】键选择"频率",按数字键"5",再按【shift】键,5 MHz 频率设定完毕;按【F3】键选择幅值,按数字键"100",再按【F2】键,100 mV 设定完毕。这时如果想改变输出幅值为 10 mV 或 1 mV,可以直接按快捷键【幅度】一次,输出衰减 10 倍,按两次输出衰减 100 倍,按【调频】键一次扩大 10 倍,两次扩大 100 倍以此类推,没有必要再重新设置。

使用中若想改变输出电压或频率进行粗调或微调,可以选择【幅度】键或【频率】键,利用"方向键"选择数字位,转动"旋转脉冲开关"进行粗调或微调。

注意:此信号源可以输出交流信号,也可以在输出交流信号上加直流偏置。二级菜单屏幕显示中"偏置"和对应的【F4】键,是专为此而设计。

(2)要求"通道Ⅰ"输出调幅波,载频 f_c = 10 MHz, V_{p-p} = 100 mV,调制频率 f_Ω = 1 kHz,调制度 m = 40%。

当屏幕出现主菜单时,按下【调幅】键,进入二级菜单选项,按【F6】键选屏幕"CH1"是载频信号设置,设置方法同(1)。设置完载频信号后,按【F5】键返回二级菜单,按【F2】键屏幕显示"速度"键(即调制信号频率),选数字键"1"后,按【频率】键,调制信号 1 kHz 设置完成。按【F3】键,屏幕显示"深度",进入调制度设置,按数字键40,再按【OK】键,完成全部设置。

注意:此仪器输出的电压是峰-峰空载电压,输出阻抗为 50 Ω,接入实验电路时,要注意阻抗匹配。

4. 测量功能简介

数字信号发生器一般有一个附加功能,它可以测量频率和计数,下面简单介绍测量频率和计数的操作。

测量输入端在仪器后面板上,外测信号线与外测输入端相连。开机进入主菜单,按【F5】键菜单对应屏幕显示"测量"进入二级菜单,再按【F2】键就可以直接进行频率测量(其余参数机器内已设定)。按【F3】键测量周期。按【F1】键,进行计数,按一次【OK】键暂停,再按一次【OK】键累加,按【Left】键清除。

四、TFG2300V 数字合成函数发生器/计数器

TFG2300V 函数信号发生器/计数器,直接采用数字合成技术(DDS),通过微处理器电路进行键盘操作和荧光字符显示,具有快速设定输出多种波形及测量的功能。

(一) 主要性能指标

1. A 路技术指标

波形种类:正弦波,方波,直流

波形长度:4 ~ 16 000 点

波形幅值分辨率:10 bits

采样速率:180 MHz/s

杂波谐波抑制度:≥ 50 dBc($f < 1$ MHz), ≥ 40 dBc(1 MHz $< f < 20$ MHz)

正弦波总失真度:≤ 0.5% (20 Hz ~ 200 kHz)

方波升降时间:≤ 20 ns

方波过冲:≤ 5%

方波脉冲宽度范围:20% ~ 80%(频率 < 1 MHz)

频率范围:40 mHz ~ 6 MHz,15 MHz,30 MHz

频率分辨率:40 mHz

频率准确度:$\pm 5 \times 10^{-5}$ + 40 mHz

幅度范围:2 mV_{p-p} ~ 20 V_{p-p}(高阻,频率 < 1 MHz)

分辨率:20 mV_{p-p}(A > 2 V), 2 mV_{p-p}(0.2 V < A < 2 V), 0.2 mV_{p-p}(A < 0.2 V)

幅值准确度:$\pm 1\%$ + 2 mV (高阻,有效值,频率 1 kHz)

幅值稳定度:$\pm 0.5\%$/ 3 小时

幅值平坦度:$\pm 5\%$ ($f < 1$ MHz), $\pm 10\%$(1 MHz $< f < 10$ MHz)

输出阻抗:50 Ω

偏移特性(衰减 0 dB 时)

偏移范围:± 10 V(高阻)

分辨率:20 mV

偏移准确度:$\pm 1\%$ + 10 mV

调制特性

AM:调制信号:内部 B 路信号或外部信号;调制深度:0 ~ 100% 以上

ASK:载波幅值和跳变幅值任意设定,交替速率:0.1 ms ~ 6 500 ms

FM:调制信号:内部 B 路信号或外部信号;调制频偏:0 ~ 20%

FSK:载波频率和跳变频率任意设定,交替速率:0.1 ms ~ 6 500 ms

PSK:相移范围:0 ~ 360°;分辨率:11.25°;交替速率:0.1 ms ~ 6 500 ms

触发调制(触发信号频率 < 40 kHz)

触发计数:1~65 000 个周期

触发信号间隔时间:0.1 ms~6 500 ms

触发方式:连续触发,单次触发,门控输出

扫描范围:扫描起始点和终止点任意设定

扫描步进量:大于分辨率的任意值

扫描速率:10 ms~6 500 ms/步进

扫描方式:正向扫描,反向扫描,单次扫描,往返扫描

存储特性

存储参数:信号的频率值和幅值

存储容量:40 个信号

重现方式:全部存储信号依次重现

2. B 路技术指标(后面板输出)

波形种类:正弦波、方波、三角波、锯齿波、阶梯波等 32 种波形

波形长度:256 点

波形幅度分辨率:8 bits

频率范围:正弦波 10 mHz~1 MHz,其他波形 10 mHz~50 kHz

分辨率:10^{-6} Hz

频率准确度:$\pm 1 \times 10^{-4}$ +10 mHz

幅度范围:100 mV_{p-p}~20 V_{p-p}(高阻)

分辨率:80 mV_{p-p}

输出阻抗:50 Ω

3. C 路技术指标

波形种类:正弦波

杂波谐波抑制度:≥30 dBc(30~40 MHz),≥40 dBc(300 MHz)

频率范围:30 MHz~300 MHz 分辨率:0.1 MHz

频率准确度:$\pm 1 \times 10^{-4}$

频率稳定度:$\pm 3 \times 10^{-5}$/3 小时

幅值范围:-55 dBm~7 dBm(50 Ω) 分辨率:1 dBm

幅值准确度:± 1.5 dBm

幅值稳定度:± 1 dB

幅值平坦度:≤2 dB

输出阻抗:50 Ω

调制特性(调频)

调制信号频率:300 Hz~8 kHz

调制信号幅值:< 5 V_{p-p}

调制灵敏度:± 10 kHz/1 V_{p-p}

调制源:外部(可用输出 A)

TTL 输出(后面板输出)

波形特性:方波,上升下降时间≤20 ns
频率特性:同输出 A
幅度特性:TTL 兼容,低电平 < 0.3 V,高电平 > 4 V

（二）仪器使用方法

TFG2300V 数字合成信号发生器开机复位后,显示当前 A 路输出波形、幅值和频率,如图 4 -11所示。按【功能】键或【选项】键,可以进入菜单显示。在任何时候只要按下【Shift】【复位】键即可回到复位初始化状态。

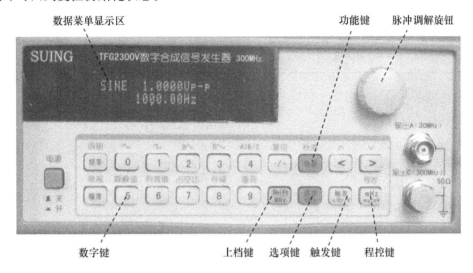

图 4 - 11　TFG2300V 信号源面板图

1. 显示说明

仪器使用两级菜单显示,【功能】键为主菜单,可循环选择 6 种功能。【选项】键为子菜单,在每种功能下可循环选择不同的项目。

表 4 - 2　菜单显示功能项目表

功 能	连 续 SINE	扫 描 SWEEP	调 制 AM/FM	猝 发 BURST	键 控 KEYNG	外 测 EXCNT
项	A 路频率 CHA FREQ	A 路频率 CHA FREQ	A 路频率 CHA FREQ	A 路频率 CHA FREQ	A 路频率 CHA FREQ	外部频率 EXT FREQ
	B 路频率 CHB FREQ	始点频率 STRT FREQ	B 路频率 CHB FREQ	A 路计数 CHA COUNT	始点频率 STRT FREQ	$f < 700$ kHz $f < 7$ MHz
目	B 路波形 CHB WAVEF	终点频率 STOP FREQ	B 路波形 CHB WAVEF	A 路间隔 CHA TIME	终点频率 STOP FREQ	$f < 30$ MHz
	C 路频率 CHC FREQ	步长频率 STEP FREQ	A 路频偏 CHA DEVIA	A 路单次 CHA ONCE	A 路相移 CHA PHASE	外部周期 EXT PERID

103

功 能	连 续 SINE	扫 描 SWEEP	调 制 AM/FM	猝 发 BURST	键 控 KEYNG	外 测 EXCNT
项	C 路频偏 CHC DEVIA	A 路间隔 CHA TIME	A 路深度 CHA DEPTH		A 路间隔 CHA TIME	T < 1 000 ms
目	A 路偏移 CHA OFSET	A 路方式 CHA MODE				

✚ 功能键主菜单

正弦 SINE(Sine) 方波 SQUR(Square)

扫描 SWEEP(Sweep) 调制 AM/FM（尚未触发）

调幅 AM ON(Amplitude Modulation) 调频 FM ON(Frequency Modulation)

猝发 BURST(Burst) 键控 KEYNG(Keying)

外测 EXCNT(External Count)

✚ 选项键子菜单

A 路 CHA(Channel A) B 路 CHB(Channel B)

始点 STRT(Start) 终点 STOP(Stop)

步长 STEP(Step) 外部 EXT(External))

频率 FREQ(Frequency) 周期 PERID(Period)

幅值 AMPL(Amplitude) 波形 WAVEF(Waveform)

方式 MODE(Mode) 偏移 OFSET(Offset)

间隔 TIME(Time) 计数 COUNT(Count)

相移 PHASE(Phase) 脉宽 DUTY(Duty)

深度 DEPTH(AM Depth) 频偏 DEVIA(FM Deviation)

✚ 标志符

S(Shift)上档键 R(Remote)程控

C(Calibration)校准

✚ 工作状态

ERROR （Error ）运行出错（出错号＊）

F(A)SWEEP 频率(幅值)扫描

BURST （Burst）猝发

FSK （Frequency Shift keying)频移键控

ASK （Amplitude Shift keying)幅移键控

PSK （Phase Shift keying)相移键控

✚ 幅值格式

Vp－p(Peak to Peak)峰－峰值

rms(Root – mean – square)幅值有效值(均方根值)

2. A 数据的输入

数字键输入:用十个数字键写入数据。写入方式为自右至左移位写入,超过十位后左端数字溢出丢失。符号键【·/－】具有负号和小数点两种功能,在"偏移"功能时,按此键可以写入负号。当数据区已经有数字时,按此键则在数据区的末位数字上加小数点,如果数据区中已经带有小数点,则此键不再起作用。使用数字键只是把数字写入显示区,这时数据并没有生效,所以如果写入有错,可以按当前功能键后重新写入,对仪器工作没有影响。等到确认输入数据完全正确之后,按一次单位键(【MHz】、【kHz】、【Hz】、【mHz】),数据开始生效,仪器将显示区数据根据功能选择送入相应的存储区和执行部分,使仪器按照新的参数输出信号。

数据的输入可以使用小数点和单位键任意搭配,仪器都会按照固定的单位格式(Hz、V、ms)将数据显示出来。

例如输入 1.5 Hz,或 0.001 5 kHz,或 1 500 mHz,数据生效之后都会显示为 1.50 Hz。虽然不同的物理量有不同的单位,频率用 Hz,幅值用 V,时间用 s,计数用个,相位用°,但在数据输入时,只要指数相同,都使用同一个单位键。即【MHz】键等于 10^6,【kHz】键等于 10^3,【Hz】键等于 10^0,【mHz】键等于 10^{-3}。输入数据后都必须用单位键作为结束。因为按键面积较小,单位"个"、"°"、"%"、"dB"没有标注,都使用【Hz】键作为结束。随着项目选择为频率、电压和时间等,仪器会显示出相应的单位 Hz、V、ms、% 和 dB,项目选择为"波形""计数"或"相移"时没有单位显示。

✚ 步进键输入

在实际应用中,往往需要使用一组几个或几十个等间隔的频率值或幅值,如果使用数字键输入方法,就必须反复使用数字键和单位键,这是很麻烦的。为了简化操作,可以把频率间隔值设定为"步长频率",使用步进键输入方法,每次使频率增加一个步长值,或每次减少一个步长值,而且数据改变后即刻生效,不用再按单位键。

例如,要产生间隔为 12.5 kHz 的一系列频率值,按键顺序如下。

按【功能】键选择"扫描",按【选项】键选中"步长频率",按【1】、【2】、【·】、【5】、【kHz】。此后不管在任何功能时,只要在 A 路频率状态下,都可以连续按【Shift】、【∧】或【Shift】、【∨】,得到一系列间隔为 12.5 kHz 的递增或递减的频率值序列,操作快速而又准确。用同样的方法,可以使用步进法得到一系列等间隔的幅值序列。步进按键输入只能在 A 路输出频率或 A 路输出幅值时使用。

✚ 调节旋钮输入

在实际应用中,有时需要对信号进行连续调节,这时可以使用数字脉冲调节旋钮的输入方法。按位移键【＜】或【＞】,可以使数据显示中的光标数字位左移或右移,面板上的旋钮为数字调节旋钮,向右转动旋钮,可使光标位数字连续加 1,并能向高位进位;向左转动旋钮,可使光标位数字连续减 1,并能向高位借位。使用旋钮输入数据时,数字改变后即刻生效,不用再按单位键。光标数字位向左移动,可以对数据进行粗调,向右移动则可以进行细调。调节旋钮输入可以在多种项目选择时使用,当不需要使用旋钮时,可以用位移键【＜】和【＞】取消光标数字位,旋钮的转动就不再有效。

✚ 数据输入方式选择

对于已知的数据,使用数字键输入最为方便,而且不管数据变化多大都能一次到位,没有中间过渡性数据产生,这在一些应用中是非常必要的。对于已经输入的数据进行局部修改,或者需要输入连续变化的数据进行搜索观测时,使用调节旋钮最为方便。对于一系列等间隔数据的输入则使用步进键最为方便。操作者可以根据不同的应用要求灵活地选用最合适的输入方式。

➕ 连续功能

仪器开机后为"连续"功能,按【功能】键,可以循环选择"连续"、"扫描"、"调制"、"猝发"、"键控"、"外测"6 种功能,使仪器的输出更加丰富多彩。

➕ A 路频率周期设定

按【选项】键,选中"A 路频率",显示出当前频率值。可用数字键或调节旋钮输入频率值,在"输出 A"端口即有该频率的信号输出。

A 路信号也可以用周期值的形式进行显示和输入,按【Shift】、【周期】键,可以显示出当前周期值,用数字键或调节旋钮输入周期值。但是仪器仍然是使用频率合成方式,只是在数据的输入和显示时进行了换算。由于受频率分辨率的限制,在周期较长时,所能给出的周期间隔也较大。输出信号的实际周期值,是数据生效之后显示出来的数值,可能与输入数值有些差异。

➕ 幅值设定

按【幅度】键,选中"A 路幅度",显示出当前幅值。可用数字键或调节旋钮输入幅值,"输出 A"端口即有该幅值的信号输出。

➕ 幅值的格式

A 路的幅值输入和显示有两种格式:按【Shift】、【峰－峰值】选择"峰－峰"值格式 p－p;按【Shift】、【有效值】选择有效值格式 rms。随着幅值格式的转换,幅值的显示值也相应地发生变化。虽然幅值有两种格式,但是在仪器内部都是以峰－峰值方式工作的,只是在数据的输入和显示时进行了换算。由于受幅值分辨率的限制,在有效值方式时,输入数据生效之后显示出来的数值,可能与输入值有些差异。如果输出波形为方波,只有在脉冲宽度为 50% 时,幅值有效值的显示才是正确的,如果脉冲宽度不是 50%,则方波有效值的显示是不正确的。

➕ 幅值衰减器

按【Shift】、【衰减】键可以选择 A 路幅值衰减方式,开机或复位后为自动方式"AUTO",仪器根据幅值设定值的大小,自动选择合适的衰减比例。在输出幅值为 2 V、0.2 V 和 0.02 V 时进行衰减切换,这时不管信号幅值大小都可以得到较高的幅值分辨率和信噪比,波形失真也较小。但是在衰减切换时,输出信号会有瞬间的跳变,这种情况在有些应用场合可能是不允许的,因此仪器设置有固定衰减方式。按【Shift】、【衰减】键后,用数字键输入衰减 dB 值,再按【Hz】键,可以设定衰减值 －20 dB、－40 dB 和 －60 dB 三挡,输入数字大于 70 时选择为自动方式"AUTO"。选择固定方式可以使输出信号在全部幅值范围内都是连续变化的,但在幅值设定值较小时,信号幅值分辨率、信噪比可能较差,波形失真可能较严重。

注意:输出幅值与负载关系。

幅值设定值是在输出端开路时校准的,输出负载上的实际电压值为幅值设定值乘以负载阻抗与输出阻抗的分压比,仪器的输出阻抗约为 50 Ω,当负载阻抗足够大时,分压比接近于 1,输出阻抗上的电压损失可以忽略不计。但当负载阻抗较小时,输出阻抗上的电压损失已不可忽略,负载上的实际电压值与幅值设定值是不相符的,这点应予注意。

A 路输出具有过电压保护和过电流保护,输出端短路几分钟或灌电压小于 30 V 时一般不会损坏,但应尽量防止这种情况的发生,以免对仪器造成潜在的伤害。

✦ A 路输出波形选择

A 路具有两种波形,在输出选择为 A 路时,可以按【Shift】、【0】键选择正弦波,按【Shift】、【1】键选择方波。

✦ 方波脉冲宽度

在 A 路选择为方波之后,按【Shift】、【脉冲宽度】键可以显示出方波脉冲宽度,这时可用数字键或调节旋钮输入脉冲宽度数值,输出即为设定脉冲宽度的方波。方波的脉冲宽度调整范围为 20% ~ 80% ,方波脉冲宽度的精度在出厂时进行了校准,如果发现误差较大,可以随时进行校准。

✦ TTL 信号的影响

当频率较高时,受 TTL 信号电平转换时的影响,正弦波形上会产生两处毛刺,为消除这种影响,开机或复位后 TTL 信号是关闭的。如果要使用 TTL 信号,可以按【Shift】、【1】键将方波打开,TTL 信号被打开,此后 A 路再选择为正弦波时 TTL 信号不再关闭。如果要消除 TTL 信号对正弦波的影响,可以按【Shift】、【复位】键将其关闭。

✦ A 路偏移设定

在有些应用中,需要使输出的交流信号中含有一定的直流分量,使信号产生直流偏移。在使用"连续"功能时,按【选项】键选中"A 路偏移",显示出当前偏移值。可用数字键或调节旋钮输入偏移值,A 路输出信号便会产生设定的直流偏移。

应该注意的是,信号输出幅值的一半与偏移绝对值之和应小于 10 V,保证偏移后的信号峰值不超过 ±10 V,否则会产生限幅失真。在幅值衰减方式选择为自动时,输出偏移值也会随着幅值的衰减而一同衰减。当幅值 V_{p-p} 值大于 2 V 时,实际输出偏移值等于偏移设定值。当幅值 V_{p-p} 值大于 0.2 V 而小于 2 V 时,实际输出偏移值为偏移设定值的十分之一。当幅值 V_{p-p} 值小于 0.2 V 时,实际输出偏移值等于偏移设定值的百分之一。

✦ 直流电压输出

如果幅值衰减选择为固定 0 dB 时,输出偏移数值即等于偏移设定值,与幅值大小无关。如果将幅值设定为 0 V,那么偏移值可在 ±10 V 范围内任意设定,仪器就变成一台直流电压源,可以输出设定的直流电压信号。在偏移设定时光标指示位无效,调节旋钮只能细调。

✦ 零点调整

对输出信号进行零点调整时,使用调节旋钮调整直流偏移量,比使用数字键要方便得多,向右转动旋钮直流电平上升,向左转动旋钮直流电平下降,经过零点时正负号能够自动变化,此时光标指示无效。

✦ A 路存储与重现

在有些应用中,需要多次重复使用一系列不同频率和幅值的信号,频繁使用数字键设置显然非常麻烦,这时使用信号的存储和重现功能就非常方便。

按【Shift】、【复位】键,存储地址指向第一个存储信号,可以设定第一个信号的频率值和幅值,然后按【Shift】、【存储】键,显示区清除,表示这个信号的频率值和幅值都已经被存储起来。再设定第二个信号的频率值和幅值,按【Shift】、【存储】键,将第二个信号存储起来。如此下去直到存入最后一个信号。此后在需要的时候,只要连续按【Shift】、【重现】键,全部存储信号就会依次重现出来,这使得多次重复性的测试变得非常方便。任何时候按【Shift】、【复位】键,都会回到第一个存储信号。应该注意,循环重现信号的个数,总是等于最后一次存储操作时所存入信号的个数。

例如,对频率和幅值分别为 1 kHz、0.5 V 和 2 kHz、1 V 和 3 kHz、1 V 的三个信号进行存储与重现,按键顺序如下:

【Shift】【复位】

【频率】【1】【kHz】【幅度】【0】【·】【5】【V】【Shift】【存储】

【频率】【2】【kHz】【幅度】【1】【V】【Shift】【存储】

【频率】【3】【kHz】【Shift】【存储】(幅值不变可不再设定)

此后,只要反复按【Shift】、【重现】就会循环重现三个存储信号。信号的存储使用了永久性存储器,关断电源存储信号也不会丢失。可以把经常使用的信号存储起来,随时都可以重现出来使用。信号的存储与重现,只能用于 A 路的频率值与幅值。

3. 扫描功能设置

按【功能】键选中"扫描",如果当前显示为频率值,则进入频率扫描状态。输出频率的扫描采用步进方式,每隔一定的时间,输出频率自动增加或减少一个步长值。扫描始点频率、终点频率、步长频率和每步间隔时间都可由操作者来设定。

✛ 扫描起止点

扫描区间的低端为始点频率,高端为终点频率。按【选项】键选中"始点频率",可用数字键或调节旋钮设定始点频率值,按【选项】键选中"终点频率",设定终点频率值,但需注意终点频率值必须大于始点频率值。

✛ 扫描步长

扫描区间设定之后,扫描步长的大小应根据测量的精细程度而定。扫描步长越大,扫描点数越少,测量越粗糙,但扫描周期所需要的时间也越短。扫描步长越小,扫描点数越多,测量越精细,但扫描周期所需要的时间也越长。按【选项】键选中"步长频率",可用数字键或调节旋钮设定步长频率值。

✛ 间隔时间

扫描区间和步长设定之后,每步间隔时间可以根据扫描速度的要求来设定。每步间隔时间越小,扫描速度越快。实际间隔时间为设定时间加上微处理器的执行时间,当间隔时间太小时,微处理器的执行时间将起主要作用,扫描速度就不会再加快。按【选项】键选中"间隔时间",可用数字键或调节旋钮设定间隔时间值。

✛ 扫描方式

按【选项】键选中"方式",显示出扫描序号,用数字键或调节旋钮改变这个序号,可以对扫描方式进行选择。

表 4-3　扫描方式

序号	提　示	扫　描　方　式
0	UP	从始点开始,步进增加到达终点,再返回始点重复扫描
1	DOWN	从终点开始,步进减少到达始点,再返回终点重复扫描
2	UP-ONCE	从始点开始,步进增加到达终点,停止扫描,每次触发扫描一次
3	UP-DOWN	从始点开始,步进增加到达终点,再步进减少到达始点,循环往返

✚ 扫描启动和停止

将仪器选择为频率扫描状态,扫描始点频率、终点频率、步长频率、间隔时间和扫描方式设定之后,按【触发】键可启动扫描过程。在扫描过程中,荧光显示机型可同步显示输出信号的频率值,便于及时监视扫描过程的进行。按任意键可使扫描停止,扫描停止后,输出信号便保持在停止时的状态不再改变。

✚ 手动扫描

扫描过程停止以后,可用步进键进行手动扫描,每按一次【Shift】、【∧】键,频率增加一个步长值,每按一次【Shift】、【∨】键,频率减少一个步长值,这样可以逐点观察扫描过程的细节变化情况。

✚ 幅值扫描

使用"扫描"功能时,按【幅值】键显示出当前幅值,各项扫描参数的定义和设定方法、扫描过程的显示、扫描的启动和停止及手动扫描都与频率扫描类似。

✚ 扫描举例

频率扫描:在1 kHz至100 kHz区间内,以0.1 kHz为步长,间隔时间20 ms,进行频率逆扫描,按键顺序如下:

按【功能】键选中"扫描";

按【选项】键选中"始点频率",按【1】、【kHz】;

按【选项】键选中"终点频率",按【1】、【0】、【0】、【kHz】;

按【选项】键选中"步长频率",按【0】、【·】、【1】、【kHz】;

按【选项】键选中"间隔时间",按【2】、【0】、【ms】;

按【选项】键选中"方式",按【1】;

最后按【触发】键即可启动频率扫描过程。

幅值扫描:在1 V至5 V区间内,以20 mV为步长,间隔时间为30 ms,进行幅值正扫描。按键顺序如下:

按【功能】键选中"扫描";

按【幅度】【选项】键选中"始点幅度",按【1】、【V】;

按【选项】键选中"终点幅度",按【5】、【V】;

按【选项】键选中"步长幅度",按【2】、【0】、【mV】;

按【选项】键选中"间隔时间",按【3】、【0】、【ms】;

按【选项】键选中"方式",按【0】;

最后按【幅度】【触发】键即可启动幅值扫描过程。

4. 调制功能选择

按【功能】键,选中"调制",如果当前显示为频率,按【触发】按键即可启动频率调制过程(调频FM ON)。按【幅度】按键显示为幅值,按【触发】按键即可启动幅值调制过程(调幅AM ON)。在调制功能时,A路为载波信号,B路为调制信号。一般来说载波频率应该比调制频率高十倍以上。

✚ 载波频率

幅值调制时载波频率与"连续"功能时相同,但在频率调制时,DDS合成器时钟由晶体振荡器切换为压控振荡器,载波频率(A路频率)的频率准确度和稳定度有所降低,如果发现误差较大,可以随时进行校准。

✦ 调制频率

按【选项】键选中"B 路频率",显示出 B 路频率值,可用数字键或调节旋钮设定 B 路频率值。

✦ 调制波形

按【选项】键选中"B 路波形",显示出调制信号的波形序号和波形提示,可用数字键或调节旋钮改变这个序号,即可改变调制信号的波形。

✦ 调制深度

在幅值调制时,按【选项】键选中"深度",显示出调制深度值,可用数字键或调节旋钮设定调制深度值,调制深度表示载波幅值的变化量,例如 100% 的调制深度表示调制载波的最大幅值为设定值的 100%,最小幅值为设定值的 0%,即 100% − 0% = 100%,0% 的调制深度表示调制载波的最大和最小幅值都为设定值的 50%,即 50% − 50% = 0%,同样 120% 的调制深度为 110% − (− 10%) = 120%。调制深度的另一种表示方法是:如果调制载波的最大幅值为 A,最小幅值为 B,则

$$调制深度\% = 100(A - B)/(A + B)$$

这种形式的调制载波叫做双边带载波,是大多数无线电台使用的调制方式。

✦ 调制频偏

在频率调制时,按【选项】键选中"频偏",显示出调制频偏值,可用数字键或调节旋钮设定调制频偏值,调制频偏表示载波信号周期的变化量,如果载波信号周期的变化量为 ΔT,载波信号周期为 T,则

$$调制频偏\% = 100\Delta T/2T$$

✦ 外部调制输入

幅值调制和频率调制都可以使用外部调制信号,仪器后面板上有一个"调制输入"端口,可以引入外部调制信号。外部调制信号的频率应该和载波信号的频率相适应,外部调制信号的幅值应根据调制深度或调制频偏的要求来调整。使用外部调制信号时,应将 B 路幅值设定为 0,关闭内部调制信号。

5. 触发功能

按【功能】键选中"触发",仪器进入触发输出状态,可以输出一定周期数的脉冲串或对输出信号进行门控。

✦ 触发计数设定

按【选项】键选中"计数",显示出当前计数值,可用数字键或调节旋钮设定每组输出波形的周期数。

✦ 间隔时间设定

按【选项】键选中"间隔时间",显示出触发信号的间隔时间值,可用数字键或调节旋钮设定各组输出之间的间隔时间。

✦ 触发信号启动和停止

触发计数和间隔时间设定之后,按【触发】键显示出"BURST",触发信号开始输出,达到设定的周期后输出暂停。再经过设定的时间间隔后又开始输出,如此循环下去,输出一系列脉冲串波形。在触发输出过程中,可按任意键使输出停止。

例如,要对频率为 1 kHz、幅值为 2 V 的信号进行触发输出,每组输出 5 个波形,各组波形之间间隔为 5 ms。按键顺序如下:

按【功能】键选中"触发";

按【选项】键选中"频率",按【1】、【kHz】;

按【幅度】键选中"幅度",按【2】、【V】;

按【选项】键选中"计数",按【5】、【Hz】;

按【选项】键选中"间隔",按【5】、【ms】;

最后按【触发】键即可启动触发输出过程。

✦ 单次触发

按【选项】键选中"单次",可以输出单次触发信号,每按一次【触发】键,输出一次设定数目的脉冲串波形。

✦ 门控输出

如果计数值设定为 0,则为无限多个周期输出。触发输出启动之后,信号便连续输出,直到按任意键使输出停止。这样可以通过按键对输出信号进行闸门控制。

6. 键控功能

在数字通信或遥控遥测系统中,对数字信号的传输通常采用频移键控(FSK)或相移键控(PSK)的方式,对载波信号的频率或相位进行编码调制,在接收端经过解调器再还原成原来的数字信号。按【功能】键选中"键控",仪器即可输出 FSK、PSK 和 ASK 调制信号。

✦ 频移键控输出

在功能选择为"键控"时,如果当前显示为频率值,按【选项】键选中"始点频率",设定载波频率值。按【选项】键选中"终点频率",设定跳变频率值。按【选项】键选中"间隔时间",设定两个频率的交替时间间隔。然后按【触发】键,显示出"FSK",即可输出频移键控信号。按任意键可使输出停止。

例如,要输出一个载波频率为 1 kHz,跳变频率为 200 Hz,交替间隔时间为 30 ms 的 FSK信号,按键顺序如下:

按【功能】键选中"键控";

按【选项】键选中"始点频率",按【1】、【kHz】;

按【选项】键选中"终点频率",按【2】、【0】、【0】、【Hz】;

按【选项】键选中"间隔",按【3】、【0】、【ms】;

最后按【触发】键即可启动频移键控的输出过程。

✦ 相移键控输出

在频移键控方式下,按【选项】键选中"相移",显示出当前相移值。用数字键设定不为 0 的"相移"值,"间隔时间"即为相移交替时间,然后按【触发】键,显示出"PSK",即可输出相移键控信号,按任意键可使输出停止。

例如,要输出一个载波频率为 1 kHz,相移为 90°,交替间隔时间为 30 ms 的 PSK 信号,按键顺序如下:

按【功能】键选中"键控";

按【选项】键选中"频率",按【1】、【kHz】;

按【选项】键选中"相移",按【9】、【0】、【Hz】;

按【选项】键选中"间隔时间",按【3】、【0】、【ms】;

最后按【触发】键即可启动相移键控 PSK 的输出过程。

此后如果把"相移"值设定为 0,则进入 FSK 输出方式。

开机或复位后"相移"值为 0,仪器工作在 FSK 输出方式。

✚ 相移键控的观测

由于相移键控信号不断地改变相位,在模拟示波器上不容易同步,不能观测到稳定的图形,如果把 B 路频率和相移键控时的 A 路频率值设置为相同的值,在双踪示波器上用 B 路信号作同步触发信号,即可观测到稳定的相移键控信号波形。

✚ 幅移键控输出

在功能选择为"键控"方式下,按【幅度】键,显示出当前幅值,各项参数设定方法与 FSK 相类同。按【幅度】【触发】键,显示出"ASK",即可输出幅移键控的信号。

7. 错误信息

出错显示为 ERROR ＊ ,仪器只有三种出错的原因,列举如下,可以帮助操作者改正操作方法。

ERROR 1:扫描始点值大于终点值

ERROR 2:频率或周期值为 0 时不能相互转换

ERROR 3:程控编码中含有非法字符

8. 校准

技术指标中给出的参数误差为出厂时的指标,经过长期使用或者温度变化较大时误差可能会增大。在用作精密测量时,应该对仪器进行校准,校准方法如下。

✚ A 路频率校准

将仪器的"输出 A"连接到准确度六位数以上的频率计,在"连续"功能时,频率设定为 1 MHz,按校准密码【0】、【0】、【2】、【7】、【Shift】、【校准】,进入频率校准状态,显示出十位数字的频率校准值,使用调节旋钮改变这个数值,可以改变输出信号的频率,将频率准确度校准到 10^{-6}。校准完毕后,按【频率】键,退出校准状态。将功能选择为"调制",按【触发】键进入频率调制状态,频率设定为 1 MHz,按校准密码【0】、【0】、【2】、【7】、【Shift】、【校准】,进入载波频率校准状态,显示出十位数字的频率校准值,使用调节旋钮改变这个数值,可以改变输出信号的频率,将频率准确度校准到 1% 。校准完毕后,按【频率】键,退出校准状态。两种频率校准常数都存储在永久性存储器中,关断电源也不会丢失。如果万一校准常数丢失了,会显示出"C"标志,需要进行重新校准。

✚ 方波脉冲宽度校准

将仪器的"输出 A"连接到频率计,频率计的功能设置为"脉冲宽度测量"状态,将仪器设置到方波脉冲宽度状态,按校准密码【0】、【0】、【2】、【7】、【Shift】、【校准】,进入脉冲宽度校准状态,用调节旋钮改变脉冲宽度值,从 20% 到 80%,用频率计测量每个点的脉冲宽度值,如果误差较大,可用【∧】键或【∨】键进行调整,将脉冲宽度准确度校准到 5%。校准完毕后,按【频率】键,退出校准状态。

✚ A 路幅值校准

打开仪器机箱,波形选择为正弦波,频率设定为 1 kHz,幅值格式选择为 Vrms 值,幅值设定为 7 Vrms,使用真有效值电压表测量输出电压,微调电位器 RP_1,把输出电压校准到 7 V ± 50 mV。波形选择为方波,频率设定为 200 Hz,幅值设定为 10 Vrms,微调电位器 RP_8,把输出电压校准到 10 V ± 50 mV。

✦ A 路偏移校准

将衰减设定为 0 dB,幅值设为 0 V,偏移设为 0 V,微调电位器 RP_5,将零点校准到 0 V ± 5 mV。再把偏移设为 10 V,测量输出端口直流电压值,微调电位器 RP_4,将输出电压校准到 10 V ± 0.1 V。

✦ B 路幅值校准

B 路波形选择为正弦波,频率设定为 1 kHz,幅值设定为 20 V_{p-p},使用真有效值电压表测量 B 路输出电压,微调电位器 RP_1,把输出电压校准到 7.07 V ± 50 mV。

9. B 路使用指南

✦ 波形选择

B 路具有 32 种波形,见表 4-4,在项目选择为"B 路波形"时,显示出当前波形的序号和波形提示,用数字键或调节旋钮改变这个序号,可以对 B 路输出波形进行选择。在 B 路任何选项时,都可以按【Shift】、【0】键选择正弦波,按【Shift】、【1】键选择方波,按【Shift】、【2】键选择三角波,按【Shift】、【3】键选择锯齿波。

表 4-4　B 路 32 种波形表

序号	波　形	提　示	序号	波　形	提　示
00	正弦波	SINE	16	正弦波横切割	SIN - TRA
01	方波	SQUARE	17	正弦波纵切割	SIN - VER
02	三角波	TRIANG	18	正弦波调相	SIN - PM
03	降锯齿波	DN - RAMP	19	阶梯波	STAIR
04	正弦波(2 倍频)	2 - SINE	20	正直流	P - DC
05	方波(2 倍频)	2 - SQUAR	21	负直流	N - DC
06	三角波(2 倍频)	2 - TRING	22	对数函数	LOG
07	锯齿波(2 倍频)	2 - RAMP	23	指数函数	EXP
08	升锯齿波	UP - RAMP	24	半圆函数	ROUND
09	正脉冲	P - PULSE	25	$\sin x/x$ 函数	SINX/X
10	负脉冲	N - PULSE	26	平方根函数	SQURT
11	正双脉冲	2P - PULS	27	正切函数	TANGENT
12	负双脉冲	2N - PULS	28	心电图波形	CARDIO
13	编码调制脉冲	CO - PULS	29	地震波形	QUAKE
14	正弦全波整流	ALL - SIN	30	任意波形	ARB
15	正弦半波整流	HLF - SIN	31	随机噪声	NOISE

✦ 频率设定

按【选项】键选中"B 路频率",显示出当前频率值。可用数字键或调节旋钮输入频率值,在"输出 B"端口即有该频率的信号输出。

B 路频率不能进行频率周期转换。

✦ 幅值设定

按【选项】键,选中"B 路频率",再按【幅度】键,选中"B 路幅度"显示出当前幅值,可用数字键或调节旋钮输入幅值,"输出 B"端口即有该幅值的信号输出。

B 路幅值只能使用幅值峰峰值 V_{p-p},没有衰减器。

10. C 路使用指南

✦ 频率设定

按【选项】键,选中"C 路频率",显示出当前频率值,可用数字键或调节旋钮输入频率值。C 路频率单位值为 MHz,分辨率为 10 Hz。

例如,设定频率值 120.532 MHz,按键顺序为

【1】【2】【0】【·】【5】【3】【2】【MHz】

✦ 幅值设定

按【幅度】键,选中"C 路幅度"显示出当前幅值和两位数字的衰减值(dB),输出幅值可用功率电平 dBm 显示,也可用有效值 rms 显示,按【Shift】、【有效值】可以显示幅值有效值 rms,按【Shift】、【峰峰值】可以显示幅值电平 dBm,C 路幅值不能直接设定,只能用数字键或调节旋钮改变衰减值,幅值电平值 dBm 或有效值 rms 会随之改变,幅值电平值和幅值有效值与衰减值的关系如下式表示,当衰减值为 0 时,输出最大幅值电平 20 dBm,幅值有效值 2.24 Vrms。

$$幅值电平值 dBm = 20dBm - 衰减值$$

$$dBm = 10 \times lg(P/0.001) \qquad P = V^2/R$$

式中,P 为输出功率,V 为幅值有效值 rms;R 为负载电阻 Ω;幅值电平单位为 dBm,表示对于 50 Ω 的负载的正弦波,输出功率相对于 1 mW 的分贝值。

幅值、有效值和峰峰值三者对应关系如表 4-5 所示。

表 4-5 幅值电平对应表

幅值电平/dBm	有效值/rms	峰峰值(V_{P-P})
+23.98	3.54 V	10.00 V
+20.00	2.24 V	6.32 V
+13.01	1.00 V	2.828 V
+10.00	707 mV	2.000 V
+6.99	500 mV	1.414 V
0.00	224 mV	632 mV
-6.99	100 mV	283 mV
-10.00	70.7 mV	200 mV
-36.02	3.54 mV	10.0 mV

例如,设定衰减值为 20 dB,按键顺序为

【幅度】、【2】、【0】、【Hz】,此时输出幅值电平为 0 dBm,有效值 224 mV。

✦ 频率调制

C 路作为载波信号,可以产生调频载波。在功能选择为"连续"时,按【选项】键,选中"C 路频偏",显示出调制频偏值,可用数字键或调节旋钮设定调制频偏值,调制灵敏度为 ±10

kHz/1 V_{p-p}。C 路调制时,使用 B 路作为调制信号,所以 C 路调制频偏值与 B 路的幅值有如下关系:

C 路频偏值 f_m($\pm$ kHz) = 10 × B 路电压峰 – 峰值(V_{p-p})

如果使用外部调制信号,可以从后面板"外调制输入"端口输入,调制信号幅值越大,调制频偏越大,此时"频偏"显示已没有意义,但必须将频偏值设置为0,或将 B 路幅值设置为0,关闭内部调制信号。

✚ 参考频率

C 路采用"锁相环 + DDS"的模式工作,锁相环的参考频率由 A 路提供,通过自动设置 A 路参考频率值,可以使 C 路输出分辨率为 1 Hz 的准确频率值。所以当选择 C 路输出时,A 路输出频率自动变为 12.8 MHz,并随着 C 路频率值的变化作微小的变化。此时 A 路不能再独立使用,不能再对 A 路进行频率设置,TTL 输出与此情况相同。

五、QF1055/1055A 型频率合成信号发生器

QF1055/1055A 信号发生器是一种频率合成式信号发生器。它可产生 2 ~ 300 MHz (QF1055A 为 0.4 ~ 300 MHz)的信号,具有 AM 和 FM 功能及外视频调制和外方波调制能力,有较高的频率稳定度,载波频率由 6 位 LED 数字显示。当其失锁时,LED 具有失锁闪烁功能,输出幅值由步进和电调方式进行。

1. 工作原理

QF1055/1055A 信号发生器的工作原理较为复杂,它主要由控制电路、可变分频器、压控振荡器、锁相电路、混频器、视频调制、功率放大、步进衰减、低频振荡等组成。框图如 4 – 12 所示。

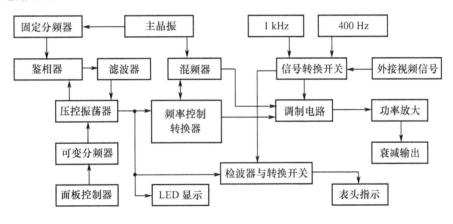

图 4 – 12　QF1055/1055A 电路原理框图

2. 主要性能指标

频率范围:　　　　　　2 ~ 300 MHz(QF1055 型),0.4 ~ 300 MHz(QF1055A 型)
频率显示:　　　　　　6 位 LED
分辨率:　　　　　　　1 kHz
输出幅值范围:　　　　 – 126 ~ 3 dB(0.112 uV ~ 316 mV)
步进衰减:　　　　　　0 ~ 120 dB

连续调节:	9 dB 增量输出可达 10 dBm(50 Ω)
输出阻抗:	50 Ω
调幅系数误差:	±5%(0~30%挡) ±3%(0~10%挡)
外调制输入阻抗:	600 Ω
电源电压:	220 V ±22 V 50 Hz ±2.5 Hz

3. 仪器面板及使用方法

QF1055/1055A 面板图如 4 – 13 所示,按所标数字介绍操作方法。

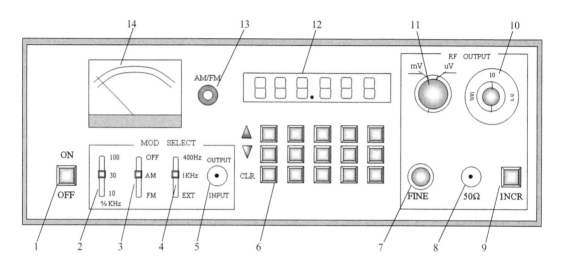

图 4 – 13   QF1055/1055A 面板示意图

(1)电源开关,按下电源接通。

(2)MOD RANGE   调制量程开关,开关的位置为 100、30、10,表示表头指示相对应的调制度。

(3)MOD 调制方式开关,置于 OFF 时为载波输出,置于 AM 或 FM 时为调幅/调频输出。

(4)MOD SELECT   调制信号选择开关,内调制信号为 1 kHz 和 400 Hz,外调制将此开关置于 EXT 位置,信号从 INPUT 输入。

(5)INPUT/OUTPUT   输入输出端口,工作在外调制时,将(4)置于 EXT 位置,信号从此端口输入。将(4)置于 1 kHz 或 400 Hz 位置时,此端口有 1 kHz 和 400 Hz 信号输出。

(6)FREQUENCY SELECT   载波频率选择键,三排五列,上排为频率上调键,中间一排为频率下调键,CLR 为清零键,最小频率步进为 1 kHz。

(7)FINE   载频输出调节旋钮。

(8)RF OUT   射频/载频输出端,输出阻抗为 50 Ω。

(9)INCRE   增量输出键,按下时输出增加 10 dB,在 NORMAL(正常)时,此键为弹出位置。

(10)输出幅值衰减度盘,步进为 10 dB。

(11)输出幅值选择开关。

(12)LED   载波频率显示。

(13)AM/FM   调节旋钮,用于调节输出调制度的大小。

(14) 输出指示表头,用于指示输出载频和 AM/FM 调制度的大小。

4. 使用操作方法

按下电源开关,LED 显示为 300.000 MHz,调节电压输出旋钮(7),表头指示(14)随着偏转,表明仪表工作正常。

载波频率选择:利用载波频率选择按键(6)选择所需频率,LED 随着改变,显示的数值就是载波频率。

输出信号选择:开关(3)置于 OFF 位置,输出幅值选择开关(11)置于相应 mV 或 μV 位置,输出幅值衰减度盘(10)置于所需位置,调节按钮(7),此时表头指示的读数为载频幅值,输出(8)信号为载频信号。开关(3)置于 AM 或 FM 位置,开关(4)置于 1 kHz 或 400 Hz 时,调节按钮(13),此时表头指示的读数是调制度,输出(8)信号为调制信号。输出(5)的信号为音频 1 kHz 或 400 Hz 信号。

输出幅度选择:开关(3)置于 OFF 位置,开关(11)置于相应 mV,开关(10)置于 300 mV,调节旋钮(7),使表头指示满度,若此时接入的电路与输出相匹配,输出为 316 mV。开关(3)置于 OFF 位置,开关(11)置于相应 μV,开关(10)置于 300 mV,调节旋钮(7),使表头的指示满度,若此时接入的电路与输出相匹配,输出应为 316 μV。其余依次类推。

六、CS – 1830 型双踪示波器

CS – 1830 型双踪示波器是近年来我国从国外引进生产的一种高可靠性、高灵敏度的多功能示波器。它除了能同时显示两个不同信号波形外,还可利用其延迟扫描功能对一个信号波形中任意指定的某一部分进行扩展,以利于观察。该机的逻辑交换电路全部采用集成电路,因而可靠性高。

1. 简化的原理框图

CS – 1830 型双踪示波器的原理电路图较复杂,现仅将其简化的原理框图示于图 4 – 14 中。

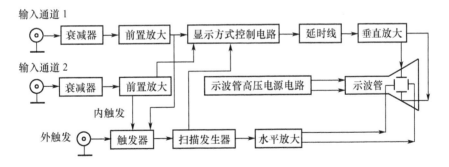

图 4 – 14 CS1830 型双踪示波器简化原理图

2. 主要性能指标

垂直轴 (通道 1 和通道 2)

频响：直流耦合:0 ～30 MHz,5 mV/格 ～0.2 V/格

　　　　　　　0 ～20 MHz,2 mV/格 ～0.2 V/格

　　　交流耦合:5 Hz ～30 MHz,5 mV/格 ～0.2 V/格

$$5\ Hz\ \sim 20\ MHz,2\ mV/格\sim 0.2\ V/格$$

灵敏度:5 mV/格~5 V/格,±5%,可调

输入阻抗:输入电阻 1 MΩ±20 kΩ

输入电容约 23 pF

最大输入电压:600 V(峰 – 峰值)或 300 V(DC + AC 峰值)

水平轴 (通道2)

频响:直流耦合 0~2 MHz

交流耦合 5 Hz~2 MHz

灵敏度:同垂直轴

输入阻抗:同垂直轴

扫描时间:0.2 μs/格~0.5 μs/格(±3%),分为 20 挡

3. 触发方式

内触发:有交替触发方式(通道1或2的垂直输入信号);

通道1信号触发方式;通道2信号触发方式;电源电压触发方式。

外触发:最大输入电压 50 V(DC + AC 峰值)

延迟扫描:1 μs~100 ms,分为五挡可调。

校准电压:1 kHz±30 Hz,0.5 V±5 mV,正极性方波。

电源电压:AC:100/120/220/240V(±10%), 50/60 Hz。

测试用电缆探头:带有 1:10 衰减器,输入电阻为 10 MΩ,输入电容小于 18 pF。

4. 仪器面板及一般使用方法

CS – 1830 示波器的面板示意图如图 4 – 15 和图 4 – 16 所示。

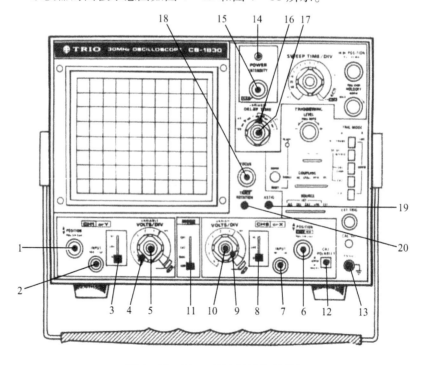

图 4 – 15 SC – 1830 示波器面板图

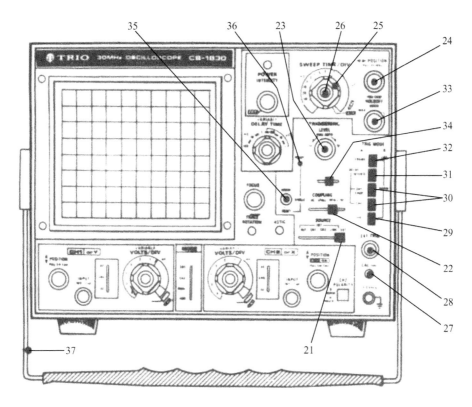

图 4 - 16　SC - 1830 示波器面板图

该仪器的前面板上除荧光屏之外,有三十多个控制旋钮,比较复杂,但仍与一般示波器相似,大体可分为控制输入信号、控制触发信号、调节延迟和扫描时间以及调节辉度、聚焦等几大类,现就实验中常用的一些旋钮的作用按面板图的序号说明如下(其余旋钮的作用说明请参阅仪器说明书)。

POSITION(位置)/PULL(拉出):

旋钮(1)调节 CH1 输入信号波形的垂直位置,旋钮(6)调节 CH2 输入信号波形的垂直位置。同时,还可调节输入信号的灵敏度,当此旋钮旋至最灵敏位置时,推入代表 5 mV/格,拉出代表 2 mV/格。

INPUT(输入信号插座):

插座(2)是 CH1 输入信号的输入插座,插座(7)是 CH2 输入信号的输入插座。

开关(3)和开关(8)是 AC - GND - DC(输入耦合方式选择开关),该开关可用来选择 3 种输入耦合方式:

置于 AC 位置:为交流输入耦合方式。

置于 GND 位置:信号断路,垂直放大器输入短路,荧光屏上显示无信号输入时的时基线,用来作测量直流信号的参考电平。

置于 DC 位置:可同时输入信号的交直流分量。

旋钮(4)和旋钮(9)VOLTS/DIV(V/格):

这是一个步进式的衰减器,用于 CH1 和 CH2 垂直输入信号灵敏度调节。当细调旋钮

VARIABLE(5)和(10)置于校准位置 CAL 时,垂直灵敏度刻度从 5 V/格至 5 mV/格(或2 mV/格),共分为 10 挡。

旋钮(5)和旋钮(10)VARIABLE(细调):

这是 CH1 和 CH2 垂直灵敏度细调旋钮。当向右旋至满度位置(CAL)时,垂直衰减器被正确定度,故一般工作时,应置于 CAL 位置。

开关(11) MODE(显示方式选择):

该开关用以选择不同的显示方式,共有 4 种位置:

CH1(通道 1):只显示 CH1 输入信号波形。

CH2(通道 2):只显示 CH2 输入信号波形。

DUAL(双踪显示):可将 CH1 和 CH2 输入信号波形同时显示在荧光屏上。

ADD(相加):可显示 CH1 和 CH2 输入信号波形相加(当极性旋钮 CH2 POLARIDY 推入时,为两输入信号相减)后的合成轨迹。

旋钮(15) POWER/INTENSITY(电源/辉度):

该旋钮控制电源通断和荧光屏亮度,左旋到底电源断开,右旋则电源接通,继续右旋则亮度增加。

旋钮(18) FOCUS(聚焦):

这是一个聚焦控制旋钮,用来调出清晰波形。

开关(21) SOURCE(触发源):

这是一个触发信号源选择开关,共有 5 种不同位置:

ALT:在双踪显示工作时交替触发扫描,CH1 示迹由 CH1 信号触发,CH2 示迹由 CH2 信号触发。在 CH1 和 ADD 显示工作方式时,由 CH1 信号触发。在 CH2 显示工作方式时,由 CH2 信号触发。

CH1:不论 MODE 选择何种显示方式,扫描总是由 CH1 信号触发。

CH2:不论 MODE 选择何种显示方式,扫描总是由 CH2 信号触发。

LINE(电源):由电源电压触发扫描。

EXT(外):由外触发信号触发扫描。

触发信号源选择开关,实验时一般置于"ALT"位置。

旋钮(23) LEVEL(电平)/PULL AUTO(拉出,自动触发扫描):

拉出是自动触发扫描工作状态,推入时可进行同步调节。注意:一般推入时,该旋钮靠近中间位置才有波形显示,左旋或右旋波形均可能消失。

旋钮(24) POSITION(位置)/PULL ×5MAG(拉出,扩展 5 倍):

该旋钮推入可调节示迹的水平位置,拉出时,水平方向示迹放大 5 倍。

旋钮(25) SWEEP TIME/DIV(扫描时间/格):

这是水平粗扫描时间选择旋钮,当细调旋钮(26)VARIABLE 右旋至满刻度位置 CAL 时,扫描时间被定度,从 0.2 μs/格 ~0.5 s/格,共分 20 挡。

旋钮(26) VARIABLE(扫描细调)

这是水平扫描时间细调旋钮,右旋至满度位置时,扫描时间被定度,故一般应置于 CAL 位置。

面板上的其他旋钮或装置为

开关(12) CH2 POLARITY(通道 2 极性开关)

端子(13) GND(接地端子)

指示灯(14) LED PILOT LAMP(发光二极管指示灯)

旋钮(16) DELAY TIME (延迟时间)

旋钮(17) VARIABLE (延迟时间细调)

旋钮(19) ASTIG (聚焦细调)

旋钮(20) TRACE ROTATION(水平示迹倾斜校正)

开关(22) COUPLING(触发耦合方式选择开关)

旋钮(27) CAL(校正电压)

端子(28) EXT TRIG(外触发信号输入)

开关(29) NOMAL/FIX(正常触发状态/固定电平触发)

开关(30) NORM/DELAY CH1 CH2(正常扫描/延迟扫描)

开关(31) NORM/DELAY INTEN'D(亮度未受调状态/延迟亮度受调状态)

开关(32) NORM(LINK)/FRAME(水平同步脉冲触发/垂直同步脉冲触发)

注:(29)~(32)触发方式选择开关,实验中通常皆处于拉出位置。

开关(33) HOLD OFF/PULL(交替扫描方式/间断扫描方式)

开关(34) SLOPE(波形正或负斜率触发扫描选择开关)

开关(35) NORM SINGLE RESET(正常扫描、单次扫描及复位选择开关)

指示灯(36) READY(准备触发扫描指示灯)

使用方法如下:

✦ 接通电源之前,为使示波器能正确工作,面板旋钮和开关应先置于下列位置:(1)、(6)、(18)、(23)、(24)置于中间位置;(3)、(8)、(22)置于"AC";(4)、(9)置于5 V/DIV;(5)、(10)、(26)置于"CAL";(11)置于CH1;(21)置于"ALT";(12)、(29)、(30)、(31)、(32)、(35)置于"NORM";(15)置于"OFF";(25)置于1 ms/DIV;(33)置于右旋到底位置;(34)置于" + "。

✦ 检查电源电压无误后,右旋(15),电源接通,指示灯亮,然后调节(1)、(6)、(15)和(18),使荧光屏出现清晰的扫描基线。

✦ 若作单迹显示,可将信号从(1)或(2)输入,将(11)和(21)置于CH1(或CH2)位置。

若作双迹显示,可将两个不同的信号分别从(2)和(7)输入,将显示方式选择开关(11)置于"DUAL"位置和触发源开关(21)置于交替触发位置"ALT"。

若荧光屏上信号波形不稳定,可通过调节(23)使之稳定。若想改变信号波形的周期,可调节扫描时间旋钮(25)。

✦ 若要测量信号幅值时,应将旋钮(5)、(10)右旋至校准位置"CAL"。这时,事先校准过的垂直灵敏度调节旋钮 VOLTS/DIV 所指的刻度值就是屏幕上纵向每格的电压伏数。然后,调节(4)、(9),使屏幕上出现一个合适的波形,则被测信号的峰 – 峰值电压就等于屏幕上显示波形的高度(格数)乘以 VOLTS/DIV(4)(9)所指示的刻度值。如果采用10: 1 衰减的测试电缆,则电压峰 – 峰值还应为上面确定的数值再乘以 10。

✦ 若要测量信号波形的周期 T(或频率 $f = 1/T$),则可将(26)右旋至校准位置"CAL"。这时,事先已校准过的旋钮 SWEEP TIME/DIV 所指的刻度,就是屏幕上横向每格的时间数。然后,调节 SWEEP TIME/DIV 使屏幕上显示几个周期的信号波形,则被测信号的周期(时间)

就等于信号波形一个周期占据的横向格数乘以 SWEEP TIME/DIV 所指示的刻度值。

✚ 若要测量两个同频率不同初相的正弦信号之间的相位差,则可将两个信号分别输入到 CH1 和 CH2。然后,利用 VOLTS/DIV(4)和 VARIABLE(5)以及 SWEEP TIME/DIV(25)和 VARIABLE(26),调节 CH1 信号使之峰 - 峰值占据屏幕上纵向 4 格。若一个完整的信号周期占据屏幕上横向 8 格,显然,横向每格代表 45°;接着利用 VOLTS/DIV(9)和 VARIABLE(10),将 CH2 信号的峰 - 峰值也调到与 CH1 信号相同,再利用 POSITION(6)将 CH2 信号移到与 CH1 信号处于同一水平轴上,测量 CH1 和 CH2 两个信号波形在水平轴上对应点之间的距离,设该距离为 t 格数,则两个信号之间的相差为 $\varphi = t9$(格数)·45°/格。

七、TDS - 210/220 型数字式实时示波器

TDS - 210 型 60 MHz(或 TDS - 220 型 100 MHz)数字示波器是一种小巧、轻便、便携式双通道示波器。它具有读出功能和 5 项自动测定功能,使用操作方便快捷。

(一)主要性能指标

输入阻抗:约为 1 MΩ　分布电容:约为 20 pF

垂直幅值:2 mV/格 ~5 V/格　最大输入电压为 300 V

精　　度:2 mV/格 ~200 mV/格　±(0.5% ×选择值 +5 mV)

　　　　　200 mV/格 ~5 V/格　　±(0.5% ×选择值 +50 mV)

频　　响:0 ~60 MHz(TDS - 210 型),0 ~100 MHz(TDS - 220 型)

扫描时间:5 ns ~5s

取样时间和延迟时间:在≥1 ms 的间隔时间为 ±100 ×10^{-6}s

直流精度:±3%

触发方式:内触发

(二)面板基本操作和使用

TDS - 210/220 型数字式实时显示示波器的面板结构图如 4 - 17 所示。

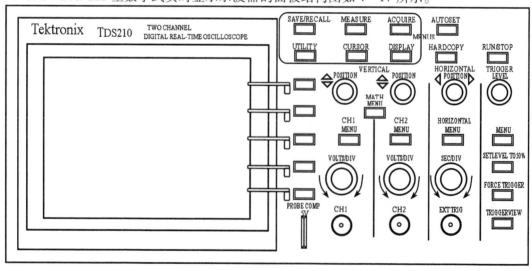

图 4 - 17　TDS - 210/220 面板示意图

因为 TDS – 210/220 的原理和结构与模拟示波器有很大区别,功能和使用上与模拟示波器也有很多不同之处,所以,下面按功能区分别进行介绍。

1. 显示区

图 4 – 18 是显示区简图,显示区除了波形图像外,还包括许多控制波形设定值的有关内容,下面按图标出的数值阐述。

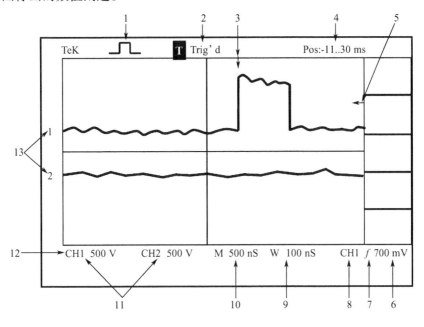

图 4 – 18　显示区简图

（1）不同图标表示不同的信息获取状态,按 ACQUIRE 键,显示屏右侧显示出采样、峰值检测、平均值和平均次数。

　　采样状态,一般正常使用状态,采样速率 2.5 kHz/s。

　　峰值检测状态,采样速率 1 GHz/s,可显示 10 ns 的短时脉冲干扰波形。

　　平均值状态,用以减少信号中的杂音和噪声,平均值的次数 N 可选 4、16、64、128。

（2）表示触发状态。

（3）水平触发位置指示。

（4）水平触发位置与显示中心线之间的偏差,屏幕中心为零。

（5）波形幅度中心位置指示。

（6）读数表示触发位的数字值。

（7）边沿触发的所选斜率。

（8）读数表示用以触发的信号源。

（9）X 轴的视窗实际设定值。

（10）X 轴的主时基实际设定值。

（11）垂直通道标尺系数。

（12）显示区短暂地显示信息。

123

(13) 显示通道波形的接地基准点。若没有指针,说明没有显示通道。

上面介绍的是显示区的部分功能,除此之外还有显示屏右侧的五个显示窗口和显示窗右侧的五个按键,它们的功能后面介绍。

2. 垂直控制旋钮和按键

垂直旋钮和按键如图 4 - 19 所示。

CH1(通道 1)和 CURSOR1 POSITION 旋钮是光标 1 垂直位置调整或称为垂直光标 1 位置的确定。

CH2(通道 2)和 CURSOR2 POSITION 旋钮是光标 2 垂直位置调整或称为垂直光标 2 位置的确定。

VOLTS/DIV 旋钮是 CH1 或 CH2 的幅值标尺系数选择。选择范围在 2 mV ~ 5 V。

MATH MENU 键是数学功能操作键,按一下此键,显示屏右侧显示出菜单有 CH1 - CH2、CH2 - CH1、CH1 + CH2、CH1 反相和 CH2 反相,它的作用是可得出两路通道的和差输出波形,CH1 反相及 CH2 反相的作用可将输入波形反相后,再看输出波形。

CH1/MENU 和 CH2/MENU 键是通道显示控制键,触发一次关闭,再触发一次显示。

3. 水平控制旋钮和按键

水平控制旋钮图如 4 - 20 所示。

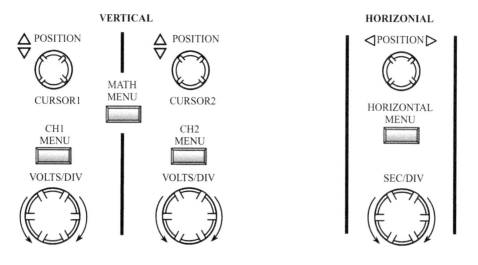

图 4 - 19　垂直控制旋钮　　　　　图 4 - 20　水平控制旋钮

POSITION(位置)是水平控制旋钮,控制显示波形的左右水平移动位置。

SEC/DIV(秒/刻度)为主时基时间选择(标尺系数)旋钮,选择范围 5 ns ~ 5 s。

HORIZONTAL MENU(水平功能表)

触发水平功能键,屏幕右侧出现主时基视窗设定区域。一个是改变显示方式(放大屏幕宽度),另一个是用于调节控制值,即触发的位准(V)和闭锁时间(s)。使用时,若波形获取停止,可使用 RUN/STOP(启动/停止)键,SEC/DIV 旋钮可扩张或压缩波形。

当扫描显示在 100 ms/刻度或更慢,触发设定在自动位置时,仪器进入扫描状态,此时波形自左向右显示最新平均值。在扫描状态下没有波形的水平位置或触发控制。

4. 触发控制区

触发控制钮如图 4 - 21 所示。LEVEL(位准)和 HOLDOFF(闭锁)旋钮的作用是水平触发位置和锁定位置,要与水平旋钮配合使用。

按 TRIGGER(触发功能表)键,显示窗右侧显示用什么触发信号及触发方式,信号有边沿/视频、斜率/上升、信源中有 CH1、CH2 供选择,选择方式有自动、正常和单次触发。

触发菜单有边沿触发和视频触发,一般使用边沿触发的上升或下降沿触发。

触发方式有自动、正常、单次触发。自动触发状态允许在有效触发时,测量功能自由运行,允许没有触发的扫描波形设定在 100 ms/刻度或更慢的时基上测量;正常触发只执行有效触发;单次触发取决于测量状态,若是取样或峰值检测,得到一次信号后,测量即告完成,若是在平均值状态(平均值有取样次数),达到获取的次数后,测量即告完成。

另外还有探头的耦合方式。交流、直流、高频抑制、低频抑制及噪声抑制等供选择。

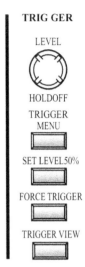

图 4 - 21 触发控制钮

SET LEVEL 50%(中点设定):触发信号设定在输入信号的幅度中心位置。

FORCE TRIGGER(强行触发):不论是否有足够大的触发信号,都会自动启动获取。

TRIGGER VIEW(触发视图):按住此键,显示触发波形,取代输入波形。

5. 菜单控制按钮

控制按钮如图 4 - 22 所示。

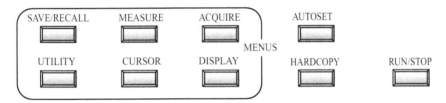

图 4 - 22 菜单控制钮

SAVE/RECALL(储存/调出):显示储存/调出设置的波形。触发此键,显示区右侧显示出要设置的波形、通道和储存等功能。

MEASURE(测量):触发此键,显示区右侧对话框显示自动测量功能。如显示峰 - 峰值、频率等。

ACQUIRE(获取):触发此键,显示区右侧对话框出现目前要显示(获取)的波形类别,如采样显示、峰值检测、平均值等供选择。

DISPLAY(显示):触发此键,显示区右侧对话框显示出目前要显示的波形类别,如矢量、点,如果是点显示,要设定持续的时间,否则显示的波形看不清楚。

CURSOR(光标):触发此键,显示区右侧对话框显示出光标的功能。

UTILITY(功能):触发此键,显示区右侧对话框显示出辅助功能表,如系统状态、自校正和 LANGUAGE(对话框中要显示的语言种类)等。自校正有特殊意义,它可迅速地使示波器信号

125

路径达到最佳状态,以取得最精确的测定值,可在任何时刻执行这个程序。在使用中,周围环境温度变化大于等于5℃时,必须执行这个程序。

AUTOSET(自动设置):触发此键,仪器内部有设定好的测量标准,产生可使用的输入信号显示。

HARDCOPY(硬拷贝):触发此键,启动打印操作(注:是虚拟的打印,实际应与计算机连接进行数据传输,再用计算机控制打印)。此操作需要带有 Centronics 或 RS – 232 端口的扩展模块。

RUN/STOP(启动/停止)。触发此键,启动或停止波形的测量。

说明:以上控制按钮被触发后,必须与视窗右侧相对应的辅助功能键配合使用,才能完成所需功能。例如触发 ACQUIRE(获取)键,显示屏右侧出现采样、峰值检测、平均值和平均次数,这时要选择其中一项。也就是说采用什么方式显示波形,必须选采样、峰值检测、平均值三种当中的一种。但是若选测量平均值,还要选测量的平均次数,它有4、16、64、128 供选择。

6. 信号连接器

图 4 – 23 所示是通道信号的连接与校对和外触发信号输入端。

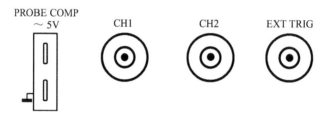

图 4 – 23　信号输入和校对

PROBE COMP(探头校对补偿器):探头在使用前要进行校对,尤其是新换探头要进行校对,以保证测量信号的准确性。

CH1、CH2:双踪示波器的信号输入端。

EXT TRIG(外触发):外触发信号输入端。

八、SS – 7804 型读出示波器

SS – 7804 型示波器为 40 MHz 双通道三踪读出 CRT 示波器,采用数字开关旋钮和按键操作,用单片机控制输出显示,所有数据显示在屏幕上,使用方便快捷。还可以实现自动校对等功能。

(一)主要性能指标

1. 垂直系统

通道数:双通道三踪

带　宽:DC ~ 40 MHz

上升时间:≤8.75 ns

垂直灵敏度:2 mV/DIV ~ 5 V/DIV (1 ~ 2 ~ 5 step)　　精度:±2%

　　　　　5 mV/DIV ~ 5 V/DIV(DC ~ 40 MHz)　 2 mV/DIV(DC ~ 20 MHz)

输入 RC:直接 ≥1 MΩ ± 15 kΩ // 25 pF ± 2 pF

　　　　探头 ≥10 MΩ ± 20 kΩ // 22 pF ± 3 pF

最大输入电压:400 V(DC + AC peak)

模式:CH1、CH2、ADD、ALT、CHOP

2. 水平系统

扫描模式:AUTO、NORM、SINGLE

扫描时基:0.1 μs/DIV ~ 0.5 s/DIV (1 ~ 2 ~ 5 step)   精度:±2%

扫描放大:10 ns/DIV(×10)   精度:±2%

3. 触发

触发源: VERT、CH1、CH2、EXT、LINE

触发耦合:AC、DC、HF ~ REJ、LF ~ REJ

TV 触发制式:NTSH(5 H ~ 2 000 H)、PAL(2 H ~ 1 997 H)/SECAM

TV 触发模式:TV – V(ODD、EVEN、BOTH),TH – H

触发电平灵敏度:DC ~ 5 MHz:0.4 DIV(CH1、CH2), 80 mV(EXT)

                    5 ~ 40 MHz:1 DIV(CH1、CH2),200 mV(EXT)

4. X – Y 操作

X – 轴:2 mV/DIV ~ 5 V/DIV (1 ~ 2 ~ 5 step), ±3%

Y – 轴操作通道:CH1、CH2、ADD

校准信号:方波:1 kHz ± 10 Hz,0.6V(p – p) ±3.6 mV

CRT 光标读出:ΔV,ΔT,$1/\Delta T$ 读出精度:1/50 DIV

频率计:5 位显示

频率范围:2 Hz ~ 40 MHz 精度:±0.01%

软件自校功能:有

电源电压:200 ~ 240 V;50 ~ 400 Hz

(二)面板基本操作和使用

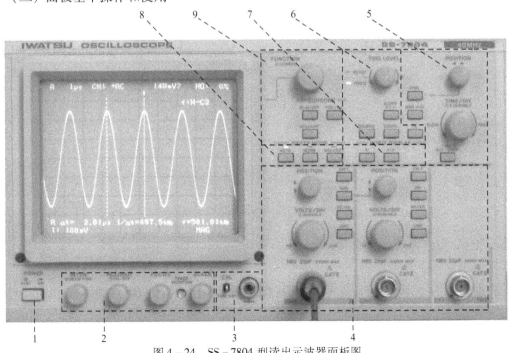

图 4 – 24 SS – 7804 型读出示波器面板图

图4-24是SS-7804型读出示波器面板图:(1)电源开关【POWER】;(2)屏幕显示调整;(3)探头补偿测量点;(4)垂直轴选择区(Y轴);(5)水平轴选择区(X轴);(6)触发选择区;(7)水平触发选择区;(8)扫描选择;(9)光标位置,释抑等。下面分别介绍各种旋钮及按键。

1. 屏幕调整

打开电源,屏幕应出现字符和水平扫描线,如图4-25所示。

若出现字迹和扫描线不清楚,用屏幕显示调整区旋钮,进行适当调整。调整扫描线轨迹用亮度【INTEN】旋钮;调整字符显示用读出【READOUT】旋钮;调整清晰度用聚焦【FOCUS】旋钮;调整网格刻度亮度用标尺【SCALE】旋钮;以上调整要适当,避免显示过亮和过灰暗。过亮对人的眼睛不利;过灰暗时,不利于读数。

2. 怎样读屏幕

✚ 屏幕显示的主要内容

屏幕显示的主要内容如图4-26所示。读出示波器与普通示波器的区别,在于读出示波器所有数据都可以在屏幕上直接读出,不用根据面板上的刻度和屏幕网格刻度计算数据。大大提高了数据的准确度,同时也缩短了测量时间,提高了工作效率。

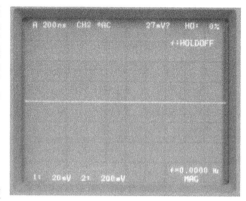

图4-25 开机显示状态

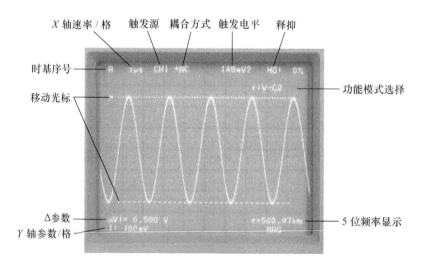

图4-26 显示屏显示的主要内容

✚ X轴的显示数据与操作

A:时基触发序号。

扫描速率:由水平轴选择区(X轴)旋钮【TIME/DIV】开关,根据测量的频率进行调整,时间范围为100 μs~500 ms,按【MAG×10】键,时间范围为10 μs~50 ms。

触发源:由触发选择区【SOURCE】键进行选择,触发源共有5种形式,连续按【SOURCE】

键分别对 CH1→CH2→LINE→EXT→VERT→CH1 循环显示。

CH1：用输入到 CH1 的信号做触发源。

CH2：用输入到 CH2 的信号做触发源。

LINE：用电源做触发源。用于观察近似电源频率的信号。

EXT：用外触发信号做触发源。外信号通过前面板的 EXT INPUT 接入。

注意：外触发信号输入最大值为 ±400 V，应避免输入信号超过该值。

VERT：用小序号通道的信号做触发源。

耦合方式由【COUPLE】键选择，连续按【COUPLE】键，可以循环显示为 AC→DC→HF - R→LF - R，共有 4 种。

AC：隔离去输入信号直流成分，交流信号触发。按【SLOPE】键选择上升沿" + "和下降沿" - "触发。

DC：信号所有成分都可以通过。

HF - R：衰减高频(10 kHz 以上)成分，该模式用于触发信号中含有高频噪音的情况。高频噪音会使触发不稳定。

LF - R：衰减信号中的低频(10 kHz 以下)成分，该模式用于触发信号中含有低频噪音的情况。低频噪音会使触发不稳定。

触发电平：旋转【TRIG LEVEL】旋钮调节触发电平。

释抑：有时观察复杂的复合输入脉冲信号编码时，触发会出现不稳定，此时，调节释抑时间(扫描暂停)以获得稳定的波形。操作方式为按【HOLDOFF】键，屏幕功能显示为 f：HOLDOFF，旋转【FUNCTION】，调整释抑的时间(0～100%)，扫描波形会出现稳定。

功能模式选择：按光标(CURSORS)位置区的【Δv - Δt OFF】键，屏幕出现两条水平光标线，测量电压为 ΔV_{P-P}，转动【FUNCTION】旋钮，可移动光标位置(左右转动是细调，触发此旋钮为快速调整)，按【TCK/C2】键，选择移动两条光标线的其中一条或两条同时移动。再次按【Δv - Δt OFF】键，屏幕出现两条垂直光标线，移动方法同上，测量时间为 Δt。

✚ Y 轴的显示数据与操作

Δ 参数：显示的是光标测量的数据。

CH1 和 CH2：由垂直轴选择区(Y 轴)进行扫描轨迹选择。可以选单通道显示或双通道显示。若选择 CH1 单通道显示，按【CH2】键去掉 CH2，再按【CH2】键，为双通道显示。若选择 CH2 单通道显示，按【CH1】键去掉 CH1，再按【CH1】键，为双通道显示。

CH1 和 CH2 后面显示的是灵敏度/格，由旋钮 CH1 和 CH2 (VOTLS/DIV)根据输入幅值的大小分别进行选择。

垂直轴选择区按键：

【ADD】：是 CH1 和 CH2 两路信号相加。

【DC/AC】：是对输入信号的耦合方式选择键，测量交流信号时，最好选择 AC，用示波器内部电路隔离被测电路信号的直流成分。

【INV】：两个作用，一是 CH2 输入信号极性选择，二是与【ADD】配合，实现两路信号相减。

【▲POSITION▼】：扫描线水平上下移动旋钮。

水平轴选择区按键：

【◄POSITION►】：扫描线水平左右移动旋钮。

【GND】：扫描线参考点选择，触发【GND】，旋转【▲POSITION▼】和【◀POSITION▶】旋钮，选择扫描线的参考点。

3. 扫描模式（SWEEP MODE）

选择扫描模式：有 AUTO、NORM 和 SINGLE 三种方式。

按【AUTO】键时，AUTO 指示灯亮，选择【NORM】时，NORM 指示灯亮。

自动扫描：在 AUTO 模式下，如果波形没有同步，通过调节【TRIG LEVEL】旋钮，可使输入信号同步。

如果在 AUTO 状态下，触发源的信号使用 CH1 或 CH2，当输入信号的频率为下面标称值时，触发可能在自激扫描的过程中变得不稳定。这种情况下，用 NORM 设置触发。

扫描时间在 10 ms/DIV，近似为 10 Hz 或以下。

扫描时间在 5 ms/DIV 左右，近似为 50 Hz 或以下。

常态扫描：在 NORM 模式下，扫描速率允许在所有的频率范围下触发同步，尤其对低频信号作用更明显。但是屏幕显示只有在波形同步时才有显示，否则屏幕无显示。

当使用输入信号做触发源时，幅值过小，也不会产生触发同步。

单次扫描：在扫描模式（SWEEP MODE）中，按下【SGL/RST】选择单次扫描（SGL/RST 指示灯亮）。READY 指示灯亮，表示等待信号输入。当触发信号产生，扫描发生 READY 指示灯灭。在 CHOP 模式下，所有通道同时扫描。在 ALT 模式下，只有一个通道扫描。

4. 水平显示（HORIZ DISPLAY）

水平显示有两种方式，A 模式和 $X-Y$ 模式，按【A】键为常态模式。$X-Y$ 模式是指以 CH1 作为 X 轴，选（CH1、CH2、ADD）中的一个作为 Y 轴显示方式，该模式适用于观测磁滞曲线和李沙育图形等。

5. 示波器探头补偿

示波器探头与示波器配用时，首先要确认探头与示波器是否匹配，若不匹配要进行补偿。

操作方法及过程如下：

探头分别与示波器的输入端 CH1 和 CH2 连接，将探头测试端接入测量点（CAL），此处可提供频率 1 kHz、幅值 0.6 V 的方波。旋转【TIME/DIV】旋钮，使 X 轴速率为 200 μs/DIV，Y 轴速率为（VOLTS/DIV）：20 mV/DIV 或 10 mV/DIV，调节【TRIG LEVEL】触发同步。正常波形应该如图 4-27（a）所示。

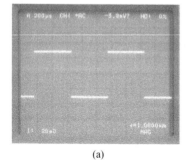 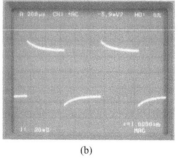 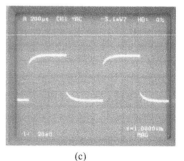

（a）　　　　　　　　　　（b）　　　　　　　　　　（c）

图 4-27　示波器探头补偿波形图
（a）正确的补偿波形；（b）过补偿波形；（c）欠补偿波形

图 4 – 27(b)或图 4 – 27(c)为过补偿或欠补偿时的情形,此时,应该用无感改锥适当调整探头测量线上的可变电容,使波形正常。

注意:调整时一定要用无感改锥,避免使用金属改锥,以免调整中产生干扰。用无感改锥调整探头上的可变电容调整波形前,探头上×1、×10 挡开关应放在×10 挡位置上。

九、BT – 3C 型频率特性测试仪

1. 扫频仪原理框图

频率特性测试仪(简称扫频仪)是一种用示波管屏幕直接显示被测电路频率特性的专门仪器。BT – 3C 型是 BT – 3 频率特性测试仪系列产品之一,它采用晶体管和集成电路,具有体积小、质量轻、显示灵敏度高等特点。它广泛应用于高频和中频放大器、滤波器、四端网络及鉴频器频响特性的调测。BT – 3C 扫频仪原理框图如图 4 – 28 所示。

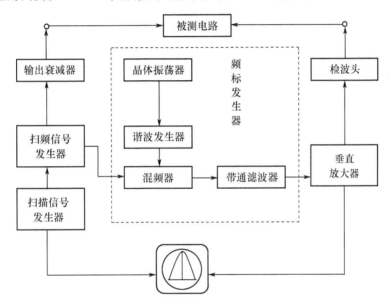

图 4 – 28　BT – 3C 型扫频仪原理框图

2. 主要性能指标

中心频率:可在 1 ~ 300 MHz 内连续可调。

最小扫频频偏 ±0.5 MHz,最大扫频频偏大于 ±15 MHz。

扫频信号输出幅值:大于 0.5 V(有效值)。

扫描信号输出阻抗:75 Ω ±15 Ω。

扫描信号寄生调幅系数:不大于 ±7.5%。

频标:1 MHz、10 MHz、50 MHz 和外接 4 种。

输出衰减:分粗和细两种。

粗衰减分 7 挡:0、10、20、30、40、50、60、70 dB。

细衰减分 10 挡:0、1、2、3、4、5、6、7、8、9、10 dB。

电源电压:50 Hz,220 V ±22 V。

检波器探头电容不大于 5 pF(最大允许直流电压为 300 V)。

3. 仪器面板及使用方法

BT – 3C 型扫频仪面板图如图 4 – 29 所示。

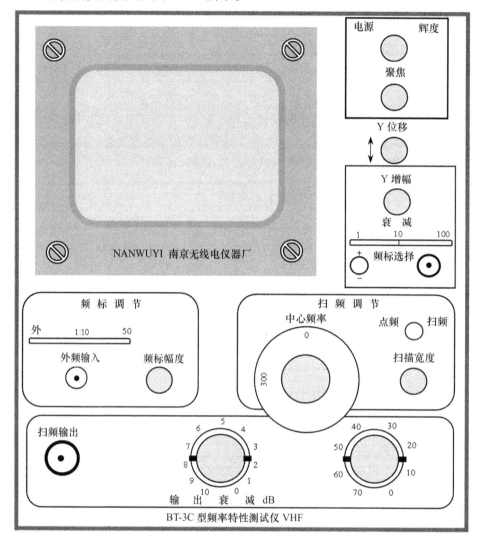

图 4 – 29 BT – 3C 扫频仪面板图

（1）准备。顺时针方向旋转"电源辉度"旋钮,使电源接通,预热 10 min,再调整"电源辉度"和"聚焦"旋钮,使扫描线细而清晰,亮度适中。

（2）检查机内频标。将"频标选择"开关置于 1 MHz 或 10 MHz 位置,此时扫描基线应出现若干个 1 MHz 或 10 MHz 的菱形频标信号,调节"频标幅度"旋钮,频标将沿 Y 轴变动,旋动"扫描宽度"旋钮,频标间距将改变,且最小偏移应为 ±0.5 MHz,最大偏移应为 ±7.5 MHz。

（3）扫描信号频率范围的检查。将与 Y 轴输入端相连的检波头插入"扫描电压输入端",并接好地线,转动"中心频率"旋钮,频标选择开关置于"扫频位置",旋动"中心频率"旋钮,屏幕上会显示一个凹陷点,此即为扫频信号的零频率点,以此为起点,逆时针方向转动"中心频率"旋钮,便可检查波段的频率范围。

(4) 调试被测电路频率特性的步骤。

① 将被测电路与扫频仪连接好,若被测电路的输出电路带有检波器,则可将检波头换用开路电缆。

② 根据需要选好频率范围,初步调好频标。

③ 调节"输出衰减"、"Y 轴增幅"和"Y 轴衰减"等旋钮于合适位置,旋动"中心频率"旋钮,就可在屏幕上显示出欲测电路的频响特性曲线。

④ 选择合适的频标,就可以粗略测读出频响曲线上各点的频率值。欲精确测量频率,可用外接频标信号。

⑤ 利用"扫描宽度"旋钮,可获得满意的频响曲线,尤其是测鉴频器频率特性时,再适当调节"输出衰减"与"Y 轴增益"旋钮,可显示较正规的 S 曲线。

4. 使用注意事项

(1) 被测电路与扫频仪相连时,需注意阻抗匹配。若被测电路输入阻抗不是 75 Ω,为减小测量误差,应采用阻抗变换器将其变换为 75 Ω。

(2) 测量中为了利用频标测读频率,应知道零频标的位置。零频标的识别方法如下:将"中心频率"旋钮逆时针旋转到底,"频标幅度"旋钮旋至最大,"扫描宽度"旋钮顺时针旋转到最大时,扫描线上出现一个凹陷点的频标,这就是零频标。记住零频标位置,将"频标选择"开关调至 1 MHz(或 10 MHz)位置,适当调节"频标幅度",则零频标右边第一个频标即为 1 MHz(或 10 MHz)频率点,第二个频标即为 2 MHz(或 20 MHz)频率点,以此类推。

(3) 输出电缆和检波头接地线应尽量短些。

十、HC – F1000L 型多功能频率计

HC – F1000L 型多功能频率计是一个 10 Hz ~ 1 000 MHz 的计数器,它具有 8 位高亮度 7 段 LED 显示,高稳定性的晶体振荡器保证测量精度。全部功能采用一片大规模集成电路(LSI)完成,可以进行频率测量、周期测量及累计测量,并有自校和输入信号衰减选择功能。

1. 主要性能指标

频率测量:

A 通道量程: 10 Hz ~ 10 MHz 直接计数。

　　　　　　　 10 ~ 100 MHz 按 1:10 计数。

分 辨 率:　　10 Hz ~ 10 MHz 直接计数;1 Hz、10 Hz、100 Hz 任选。

　　　　　　　 10 ~ 100 MHz 按 1:10 计数;10 Hz、100 Hz、1 000 Hz 任选。

闸门时间:　　0.01 s、0.1 s、1 s 任选。

B 通道量程:100 ~ 1 000 MHz。

分 辨 率:100 Hz、1 kHz、10 kHz 任选。

闸门时间:2.7 s、0.27 s、0.027 s 任选。

周期测量(A 通道): 15 Hz ~ 4 MHz。

分 辨 率:10^{-7}s、10^{-8}s、10^{-9}s 任选。

输入灵敏度:25 ~ 50 mV。

最大安全电压:250 V(ATT 置 ×20)。

输入阻抗(A 通道): 10 MΩ (分布电容 <35 pF)。

（B 通道）50 Ω;最大安全电压 3 V。

输入电源电压:220V ±10% 50 Hz。

2. 仪器面板和使用方法

HC – F1000L 仪器面板图如图 4 – 30 所示。

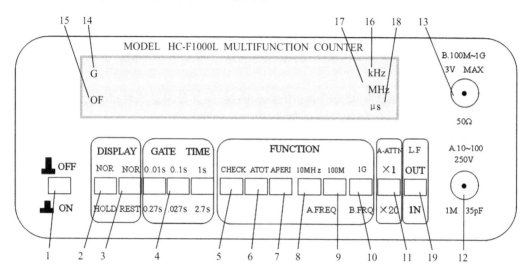

图 4 – 30　HC – F1000L 多功能计数器面板图

图中使用操作按钮标号所代表的意义如下所述。

（1）电源开关(POWER):按下打开,再按一下则关闭。

（2）显示暂停(DISPLAY HOLD):按下此开关,终止测量,并保持终止前的数据。

（3）显示复位(DISPLAY REST):按下此开关,立即复位,开始新一轮的测试。

（4）闸门时间(GATE TIME):时间选择。

（5）自校(CHECK):按下此开关和时间开关进行自动校对。

（6）累计测量(ATOT)。

（7）周期测量(APERI)。

（8）量程(AFREQ):10 Hz ~ 10 MHz。

（9）量程(AFREQ):10 ~ 100 MHz。

（10）量程(BFREQ):100 ~ 1 000 MHz。

（11）衰减开关(ATTN):按下此开关,输入信号衰减 20 倍(注:当 A 通道输入信号大于 50 V时,必须按下此开关)。

（12）A 通道输入端(AINPUT):当输入信号幅值大于 300 mV 时,应按下 ATTN 键,对输入信号进行衰减,可以提高测量数值的精度。

（13）B 通道输入端(BINPUT)。

（14）闸门指示(G):即时间选择显示灯。

（15）溢出指示(OF):超出 8 位显示。

（16）频率单位显示(kHz)。

134

（17）频率单位显示（MHz）。

（18）周期单位显示（μs）。

（19）低通滤波器：测量时一般不使用。

注：本仪器在后面板有一个10 MHz频率输出端，可用于标准信号源。

十一、DT9202型数字万用表

（一）原理框图

DT9202型数字万用表是一种常用的测量工具。其主要特点是显示直观、读数准确、分辨率高、功能完善、性能稳定、耗电少、体积小、便于携带，是电子测量中的多用途仪表。

DT9202型数字万用表一般采用CMOS集成电路，将模拟电路（双积分式A/D转换）、数字电路和LCD驱动电路集成在一个芯片中，有自动校零、极性自动转换和超量程显示功能，原理如框图4-31所示。

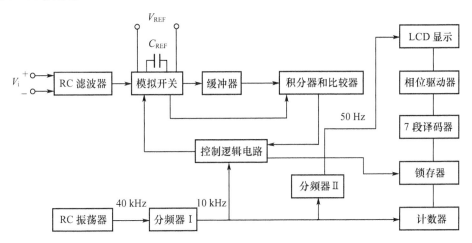

图4-31 数字电压表的原理框图

（二）主要性能指标

测量范围

电　阻　挡：0~200 MΩ　　误差：0.5%~5%

直流电压：0~1 000 V　　误差：0.5%~1%　　输入阻抗：10 MΩ

交流电压：0~750 V　　误差：0.5%~1%　　输入阻抗：10 MΩ

直流电流：0~20 A　　误差：0.8%~2%

交流电流：0~20 A　　误差：0.8%~3%

电　　容：0~20 μF　　误差：2.5%　　测试频率：400 Hz

二极管挡：正向电流约1 mA，反向电压约3 V

h_{FE}的测量范围：β在0~1 000 条件：基极电流10 μA，电压约3 V

注：其中交流电压和交流电流挡的频率响应范围为45~400 Hz。

（三）仪表面板及操作方法

DT9202型万用表面板如图4-32所示。

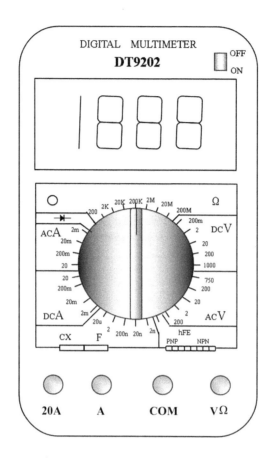

图 4 - 32　DT9202 型万用表面板示意图

首先将 ON - OFF 按钮按下,检查电源电池,若电池不足,显示屏左上方会显示出电池符号。另外注意检查表笔插孔旁边的警告,不要超出使用范围。

1. 电压测量

将表笔分别插入 COM 孔和 VΩ 孔,测直流电压时,将开关置于 DCV 量程范围(测交流电压时,将开关置于 ACV 量程范围),测试前先估算被测电压的大小,再将转换开关放在相应的挡位上。若不知电压范围,将开关置于最大量程,视情况降至合适量程。若只显示"1",表示输入值超出量程,这时应将开关置于更高量程。

DCV 输入不要超过 1 000 V(ACV 输入不要超过 750 V 有效值电压),过高会损坏内部电路。

2. 电流测量

测量直流或交流电流时,在小于 200 mA 时,红表笔插入 A 孔;若电流在 200 mA ~ 20 A 之间,红表笔插入 20 A 插孔。若所测电流范围是未知数,功能开关置于高挡逐步降低。

注意:20 A 插孔没有用保险丝,测量时间应小于 15 s。

3. 电阻测量

将表笔插入 COM 和 VΩ 插孔(红笔为" + "),功能开关置于需要的量程上,当被测电阻大于量程或表笔开路时,会显示"1",表示超量程。

当被测电阻大于 1M 以上时,需经数秒以后方能稳定。检测在线电阻时,要确认电路已关掉电源,同时电路电容已放完电,才能测量。

使用电阻挡测量时需注意。此时两表笔短接时显示为一个数值是正常现象,此读数是一固定偏移值,测量电阻后应减去此数。

高阻值的电阻测量,应尽可能将电阻直接插入 COM 和 VΩ 插孔,以减小干扰。

4. 电容测量

将量程开关置于电容挡,显示可缓慢地自动效零。测电容时,将电容直接插入电容测试孔(电容上要将电放完,不要将带电的电容直接测试),测试中有一个滞后时间。

5. 二极管测量

将表笔插入 COM 和 VΩ 插孔,开关置于二极管挡,测试中红表笔是"+"极,正向导通显示的是二极管的导通电压(通过电流约为 1 mA),反向显示值一般为"1"。

6. 三极管测量

将功能开关置于 h_{FE} 挡上,确认三极管是 NPN 型还是 PNP 型,插入相应位置,显示的值是近似值,测试条件为基极电流 10 μA,V_{CE} 约 3 V。

附录一　单片集成双平衡模拟乘法器简介

单片集成双平衡模拟乘法器 MC1496 的内部电路如附图 1 – 1 所示。晶体管 $VT_1 \sim VT_4$ 组成双差分放大器,VT_5、VT_6 组成单差分放大器用以激励 $VT_1 \sim VT_4$,晶体管 VT_7、VT_8 及偏置电路作为 VT_5、VT_6 的恒流源。

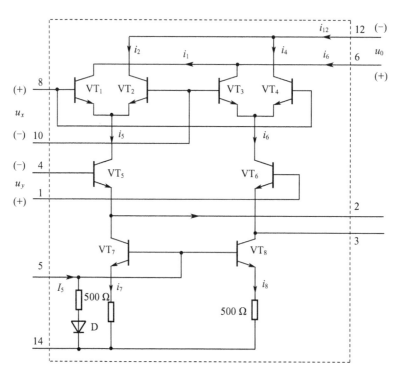

附图 1 – 1　MC1496 内部电路图

若将芯片的管脚 2、3 短接,当输入管脚 8、10 的电压 U_{xm} 和输入管脚 4、1 电压 U_{ym} 足够小(一般要求远小于 kT/q,室温下近似为 26 mV),三个差分对电路都处于线性工作状态时,输出电压 u_0 可以表示为

$$u_0 = K u_x u_y$$

式中,K 是一个与模拟乘法器外接元件参数有关的常数。

上式表明模拟乘法器只有在输入小信号时,才有理想的线性乘法作用,否则输出电压会出现较大的非线性误差。为了扩展输入动态范围,一般在芯片的管脚 2 和管脚 3 之间外接一个电阻 R_F,它对晶体管 VT_5、VT_6 形成串联电流负反馈,可以扩展 u_y 的输入线性动态,其工作原理见有关教科书。MC1496 的外接直流偏置电路的估算方法如下。

MC1496 可采用单电源或双电源供电,其直流偏置由外接元件实现。设计电路时要根据器件的最大允许电流、电压及耗散功率来确定其偏置电流 I_5（即芯片管脚 5）和四组偏置电压 V_6 和 V_{12}、V_8 和 V_{10}、V_1 和 V_4、V_{14}（注：V 和下标代表的是芯片各管脚的直流电压）。

1. 偏置电流 I_5 的确定

MC1496 静态电流的大小可由偏置电路 I_5 决定。当基极电流可忽略时，可将 I_5 看成经二极管 D 和 500 Ω 电阻到管脚 14 的电流，双电源时，将管脚 14 接在负电源上，则由管脚 5 的外接电阻 R_5 到地确定 I_5，那么

$$R_5 = \frac{|U_{14}| - U_D}{I_5} - 500 \ \Omega \qquad (\text{附} 1 - 1)$$

式中，$U_D = 0.7$ V。模拟乘法器内部电流按下式得出

$$I_6 = I_{12} = \frac{1}{3} I_{14} = I_5 \qquad (\text{附} 1 - 2)$$

一般 $I_5 \leqslant 5$ mA，通常取 1 mA（注：其中 I 和下标代表芯片各管脚的电流）。

单电源时，管脚 14 接地，管脚 5 通过一个电阻接正电源 V_{CC}，通过调整该电阻的大小确定偏置 I_5 的值。

2. 四组偏置电压的确定

四组偏置电压应满足下列关系

$$\left. \begin{array}{l} (V_6, V_{12}) > (V_8, V_{10}) > (V_1, V_4) > 0 \\ V_{14} \leqslant 0 \end{array} \right\} \qquad (\text{附} 1 - 3)$$

此外，应保证各个晶体管的集电极 - 基极间的电压大于或等于 2 V，小于或等于最大允许电压。应用时往往是 $V_6 = V_{12}$，$V_8 = V_{10}$，$V_1 = V_4$。根据 MC1496 的特性，其偏置电压

$$\left. \begin{array}{l} 15 \ \text{V} \geqslant (V_6 - V_8) \geqslant 2 \ \text{V} \\ 15 \ \text{V} \geqslant (V_8 - V_1) \geqslant 2.7 \ \text{V} \\ 15 \ \text{V} \geqslant (V_1 - V_5) \geqslant 2.7 \ \text{V} \end{array} \right\} \qquad (\text{附} 1 - 4)$$

3. 器件的总耗散功率可按下式估算

$$P_c = 2I_5(V_6 - V_{14}) + I_5(V_5 - V_{14}) \qquad (\text{附} 1 - 5)$$

P_c 应小于器件的最大允许耗散功率（33 mW）。

附录二 实验中使用的元器件型号
及其主要性能参数

1. 电阻器

实验中用得最多的是小型薄膜电阻器,包括金属膜(J)和碳膜(T)两种电阻。附表 2－1 列出了部分电阻器型号与名称对照。

附表 1－1 电阻型号与名称对照表

型 号	名 称
RJX	小型金属膜电阻器
RJJ	精密金属膜电阻器
RTX	小型碳膜电阻器
RXJ	精密线绕电阻器
RR	热敏电阻器

电阻器(电位器)的标称值系列及误差如附表 2－2 所列。

附表 2－2 电阻器(电位器)标称值系列及误差

标称值系列	误 差	标 称 值					
E24	±5%	10	11	12	13	15	16
		18	20	22	24	27	30
		33	36	39	43	47	51
		56	62	68	75	82	91
E12	±10%	10	12	15	18	22	27
		33	39	47	56	68	82
E6	±20%	10	15	22	33	47	68

电阻器较常用的额定功率有:1/8 W、1/4 W、1/2 W、1 W、2 W 等几种。小型金属膜电阻器中最常用额定功率为 1/8 W 和 1/4 W 两种。

实验中常使用以色环表示阻值的电阻器,色码电阻表示方法如附表 2－3 所列。除了固定色码电阻之外,通常还要使用电位器,常用的电位器有:WTX 型小型碳膜电位器和 WS 型有机实芯电位器等,其型号、阻值、误差等也是标印在电位器上。

色别	黑	棕	红	橙	黄	绿	蓝	紫	灰	白	金	银
对应数字	0	1	2	3	4	5	6	7	8	9	±5%	±10%

金属膜(RJX)电阻器通常用五色环表示阻值和误差。五色环中靠近附图 2-1 中左端第一环、第二环和第三环表示数值 x,第四环表示 x 应乘以的倍数。例如:

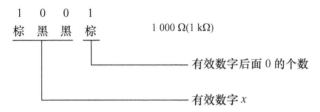

第五环表示误差,例如棕色为1%。五环电阻的两头都有色环,不易区分始末端,但是四、五环之间相距较大,以此确认误差环,寻找出始末端。

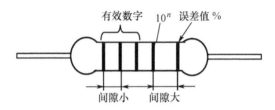

附图 2-1 五环色码电阻器

碳膜(RTX)电阻器一般用四色环表示阻值和误差,即第一环和第二环表示有效数值 x,第三环表示 x 后面0的个数,第四环表示误差范围,通常只用金或银色。

2. 电容器

实验中常用的电容器主要有:薄膜电容器、瓷介电容器、云母电容器、钽电解电容器和铝电解电容器等几种。它们的型号和主要特性如附表 2-4 所列(部分)。

附表 2-4 常见电容器型号和主要特性

名 称	型 号	标称值系列	容量范围	耐压/V	误 差
聚苯乙烯薄膜电容器	CB	E24 E12 E6	3 pF ~ 0.47 μF	63 ~ 500	±5% ~ ±20%
涤纶薄膜电容器	CL	E24 E12 E6	3 pF ~ 0.47 μF	63 ~ 500	±5% ~ ±20%
瓷介电容器	CC	E24 E12 E6	7 pF ~ 0.47 μF	63 ~ 630	±5% ~ ±20%
铝电解电容器	CD	1, 1.5, 2.2, 3.3, 4.7, 6.8	1 ~ 470 μF	4 ~ 500	+20% ~ +50% -30% ~ -20%

表中标称值系列的数值与附表2-2相同。

除了上述固定值电容器外,实验中还常用到微调电容器和可变电容器。微调电容器型号为CW,容量变化范围有2~7 pF,3~10 pF,4~20 pF,5~25 pF等。可变电容器型号为CB,容量变化范围较大,可从几皮法变化到几百皮法。

通常固定电容器的容量标印在电容器上,某些圆片状或方条状电容器的标印数值或字母如附图2-2所示。

附图2-2 电容器的容量标印

现将所标印的数值或字母的含义说明如下。

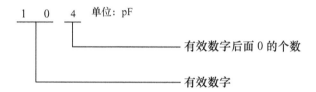

若有4位标印,则第4位为允许误差。通常,K表示±10%,M表示±20%。例如:103K是0.01 μF,允许误差为±10%。

此外,对于小电容(10 pF以下),也有数值和单位一起标明,例如5.1 pF等。而对于较大电容(2位数字以上)只标明数值,不注单位。例如,270即表示270 pF,0.047则表示0.047 μF。电解电容总是以μF为单位标印,而且注明正、负极性。

3. 电感器

实验中LC谐振回路用的电感器,在某些工作频率下有成品出售。例如,SZP型455或465 kHz中周线圈(有时配回路电容),SZD型6.5 MHz或10.7 MHz中周线圈等。这一类电感线圈通常是在I型磁芯(配帽形瓷罩)上绕制,采用MX-2000或NXO-40等铁氧体磁芯。大多数情况下,电感线圈需利用空芯或有芯骨架自绕,其电感量和品质因数Q值可在Q表上测出。此外,电感线圈也可以在磁环或磁罐上绕制。

色码电感器是用颜色表示电感量的成品元件,目前已经初具系列。其中数值较小者,例如1~10 μH色码电感器,如果测量其Q值合乎要求,也可以使用在相应工作频率的谐振回路中;而较大数值的色码电感器,例如47 μH、2.2 mH、10 mH等,一般只作为高频扼流圈使用。需注意的是,在谐振功放等场合,不宜采用有芯线圈或色码电感,因为元件中的磁芯在通有大电流情形下极易磁饱和,此时可在较大瓦数的电阻器上用漆包线绕制所需的扼流圈电感。

色码电感器上的颜色标志代表的数字与附表2-3一致。

常用国产铁氧体磁环的适用频率范围如附表2-5、附表2-6所示。大多数情况下,锰锌材料的MXO运用在低于10 MHz场合,镍锌材料的NXO运用在高于10 MHz场合。

附表 2 – 5　MXO 适用频率范围

材料	适用频率/MHz
MXO – 400	2.0
MXO – 800	1.0
MXO – 2000	0.5
MXO – 4000	0.3

附表 2 – 6　NXO 适用频率范围

材　料	适用频率/MHz
NXO – 10	150
NXO – 20	50
NXO – 40	40
NXO – 60	25
NXO – 100	12

当选用磁环型号合适时,至多绕十几匝线圈,就可做出满足设计要求的电感器,故应挑选适用频率范围内的磁环绕制电感器。

4. 分立器件

实验中常用的分立半导体器件有晶体三极管、晶体二极管和变容二极管等,几种型号的半导体器件主要性能参数如附表 2 – 7 至附表 2 – 11 所示。

附表 2 – 7　**3DG100(3DG6)型 NPN 硅高频小功率管主要性能**

型　号		3DG100A	3DG100B	3DG100C	3DG100D	2SC763
极限参数	P_{CM}/mW	100	100	100	100	100
	I_{CM}/mA	20	20	20	20	20
	BV_{CBO}/V	≥30	≥40	≥30	≥40	25
	BV_{CEO}/V	≥20	≥30	≥20	≥30	12
	BV_{EBO}/V	≥4	≥4	≥4	≥4	
直流参数	I_{CBO}/μA	≤0.01	≤0.01	≤0.01	≤0.01	50
	I_{CEO}/μA	≤0.1	≤0.1	≤0.1	≤0.1	
	I_{EBO}/μA	≤0.01	≤0.01	≤0.01	≤0.01	
	V_{BES}/V	≤1	≤1	≤1	≤1	
	V_{CES}/V	≤1	≤1	≤1	≤1	
交流参数	f_T/MHz	≥150	≥150	≥300	≥300	400
	K_P/dB	≥7	≥7	≥7	≥7	
	C_{ob}/pF	≤4	≤4	≤4	≤4	2
h_{FE} 色标分挡		(红)30~60 (绿)50~110 (兰)90~160 (白)>150				

附表 2-8　3DG130(3DG12)型 NPN 硅高频小功率管主要性能

型　号		3DG130A	3DG130B	3DG130C	3DG130D
极限参数	P_{CM}/mW	700	700	700	700
	I_{CM}/mA	300	300	300	300
	BV_{CBO}/V	≥40	≥60	≥40	≥60
	BV_{CEO}/V	≥30	≥45	≥30	≥45
	BV_{EBO}/V	≥4	≥4	≥4	≥4
直流参数	I_{CBO}/μA	≤0.5	≤0.5	≤0.5	≤0.5
	I_{CEO}/μA	≤1	≤1	≤1	≤1
	I_{EBO}/μA	≤0.5	≤0.5	≤0.5	≤0.5
	V_{BES}/V	≤1	≤1	≤1	≤1
	V_{CES}/V	≤0.6	≤0.6	≤0.6	≤0.6
交流参数	f_T/MHz	≥150	≥150	≥300	≥300
	K_p/dB	≥7	≥7	≥7	≥7
	C_{ob}/pF	≤4	≤4	≤4	≤4
h_{FE}色标分挡		(红)30~60　(绿)50~110　(兰)90~160　(白)>150			

附表 2-9　检波二极管参数表

型号	2AP9	2AP10	1N60(日立)
反向击穿电压 V_R/V	20	40	35
反向电流 I_R/μA	≤200	≤40	75
最高反向电压 $V_{ΩM}$/V	10	20	50
正向电流 I_{CM}/mA	≥8	≥8	10
浪涌电流 I_{SUR}/mA	50	50	150
检波效率 $η$/%	55(f=40 MH)	55(f=40 MH)	65(f=40 MHz)
检波损耗/dB	≤20	≤20	
势垒电容 C_B/pF	≤0.5	≤1	0.6
最高结温 T_{IM}(℃)	75	75	
截止频率 f/MHz	100	100	150

附表 2－10　变容二极管参数表

型号	极限参数			引脚电容/pF			电容量比 $C_t(V_1)/C_t(V_2)$			Q_{min}	反向特性	
	P/mW	V_{RM}/V	V_R/V	min	typ	max	min	typ	max		I_{Rmax} /μA	测试条件/V
1S2638		10	10	5	10	20				50	5	10
1S2340	100	25	20		7	10				20	0.1	18
DB311		20	10							60	5	8
1S555		30	20	20	24	27				60	1	30

附表 2－11　常用 9000 系列晶体管型号

型号	材料与极性	最大额定值					直流参数		交流参数
		P_{CM}/W	I_{CM}/A	BV_{CBO}/V	BV_{CEO}/V	BV_{EBO}/V	I_{cbo}/nA	h_{FE}	f_T/MHz
9011	硅（NPN）	0.4	0.03	50	30	5	100	28～198	370
9012	硅（PNP）	0.625	－0.5	－40	－20	－5	－100	64～200	
9013	硅（NPN）	0.625	0.5	40	20	5	100	64～200	
9014	硅（NPN）	0.625	0.1	50	45	5	50	64～1000	270
9015	硅（PNP）	0.45	－0.1	－50	45	－5	－50	60～600	190
9016	硅（NPN）	0.4	0.025	30	20	4	100	30～200	620
9018	硅（NPN）	0.4	0.05	30	15	5	50	30～200	1 100
8050	硅（NPN）	1	1.5	40	－25	6	100	85～300	190
8550	硅（PNP）	1	1.5	－40	－25	－6	－100	60～300	200
2N3904	硅（PNP）	0.31	0.01		40			100～300	250

5. 集成电路

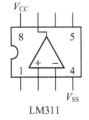

LM311

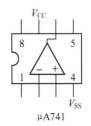

μA741

附图 2－3　LM311 和 μA741 外引线排列

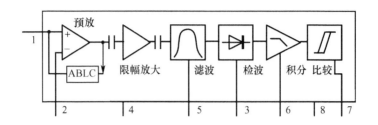

附图 2 - 4　红外接收 CX20106A 内部组成

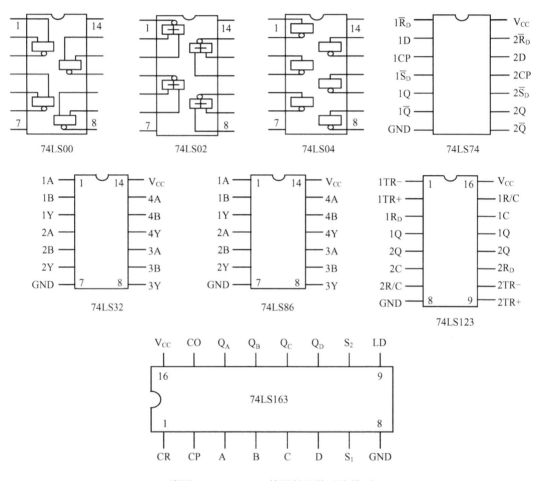

附图 2 - 5　74LS00 等器件的外引线排列

参 考 文 献

［1］ 罗伟雄,韩力,原东昌,丁志杰编.通信原理与电路.北京:北京理工大学出版社,1999.

［2］ 樊昌信,詹道庸,徐炳祥,吴成柯.通信原理.北京:国防工业出版社,1995.

［3］ 曹志刚,钱亚生.现代通信原理.北京:清华大学出版社,1992.

［4］ 陆宗逸编.非线性电子线路实验指导书.北京:北京理工大学出版社,1988.

［5］ 南京工学院无线电系《电子线路实验》编写组.电子线路实验.北京:人民教育出版社,1983.

［6］ 蒋焕文,孙续.电子测量.北京:中国计量出版社,1988.

［7］ 陈汝全主编.电子技术常用器件应用手册.北京:北京理工大学出版社,1991.

［8］ 董荔真,倪福卿,罗伟雄编著.模拟与数字通信电路.北京:北京理工大学出版社,1990.

［9］ 童本敏等编.标准集成电路数据手册 TTL 集成电路.北京:电子工业出版社,1989.

［10］ 中国集成电路大全编写委员会.中国集成电路大全 TTL 集成电路.北京:国防工业出版社,1985.

［11］ 中国集成电路大全编写委员会.中国集成电路大全 CMOS 集成电路.北京:国防工业出版社,1985.

［12］ (美)摩托罗拉公司.摩托罗拉通信器件手册.刘仁普主译.北京:机械工业出版社,1995.